干旱河谷土壤侵蚀与生态修复

元谋干热河谷细沟形态高精度探测

邓青春　著

科　学　出　版　社

北　京

内 容 简 介

本书以发育于元谋干热河谷区域的细沟为研究对象,探讨获得细沟形态参数的高精度探测技术方法。本书内容分别为绪论、数据采集与预处理、细沟 DEM 建立及形态参数提取、沟沿线与侵蚀面积、横剖面形态参数、纵剖面形态参数,最后给出了本书的研究结论以及未来的研究方向。

本书可供水土保持与荒漠化防治、地理信息、地质勘探、环境监测等领域的专业人士,或相关专业学生阅读参考。

图书在版编目(CIP)数据

元谋干热河谷细沟形态高精度探测 / 邓青春著. -- 北京:科学出版社,2025.3. -- (干旱河谷土壤侵蚀与生态修复). -- ISBN 978-7-03-081284-1

Ⅰ. S157

中国国家版本馆 CIP 数据核字第 2025RB3704 号

责任编辑:刘 琳 / 责任校对:彭 映
责任印制:罗 科 / 封面设计:墨创文化

科 学 出 版 社 出版

北京东黄城根北街 16 号
邮政编码:100717
http://www.sciencep.com

成都锦瑞印刷有限责任公司印刷
科学出版社发行 各地新华书店经销

*

2025 年 3 月第 一 版 开本:787×1092 1/16
2025 年 3 月第一次印刷 印张:7 1/4
字数:170 000

定价:98.00 元
(如有印装质量问题,我社负责调换)

前　言

元谋干热河谷地区沟谷纵横，地表支离破碎，其干湿分明的干热气候造成土层松软、植被退化、土壤垂直节理与裂隙发育，加之人类不合理地利用土地等因素，使本区土壤侵蚀加剧，侵蚀沟发育数量多且规模较大，对区域经济和流域生态安全产生严重威胁。细沟侵蚀是坡面侵蚀的主要方式之一，细沟形态是决定坡地径流量与土壤流失量非常重要的因素，各参数之间的关系可以用于描述细沟的侵蚀过程，因此细沟高精度形态参数的获取对揭示细沟侵蚀发育与演化具有重要的意义。尽管有学者使用各种技术方法探测细沟地形，但鲜有学者对地形数据采集方式及数字高程模型（digital elevation model，DEM）分辨率与细沟形态参数的关系进行研究。因此，本书以发育于元谋干热河谷区域的细沟为研究对象，探讨获得细沟形态参数的高精度探测技术方法。通过建立细沟区控制网，采用自制测针板、全站仪、三维激光扫描、近景摄影测量法对细沟区地形进行探测，结合地理信息系统（geographic information system，GIS）获取细沟形态参数值，研究不同探测方法下获得的高程数据精度及其对细沟形态参数的影响，分析 DEM 分辨率与细沟形态参数误差的定量关系，据此建立最优的细沟形态高精度探测方法体系。研究结果将为元谋干热河谷区的土壤侵蚀防治与研究提供技术支撑。本书主要研究内容如下。

（1）6mm 是获取细沟横剖面形态参数的适宜扫描步长。对不同扫描步长的点云进行处理，结果表明扫描步长增加会显著降低点云数据量，但也会影响细沟形态参数的精度：以近景摄影测量法获得横剖面形态参数为基准，当扫描步长为 6mm 时，获得的细沟宽度、深度及宽深比的绝对误差及相对误差均最小；横剖面线长度随扫描步长增大呈减小之势；当扫描步长为 4mm 时，各横剖面面积的相对误差平均值最小。综合比较，在减少点云数据量的情况下，对比各形态参数的精度及误差，当三维激光扫描步长设置为 6mm 时，可获得精度较高的横剖面形态参数。

（2）不同数据处理方法影响细沟形态参数的精确性。不同的制图方法及滤波处理影响细沟形态参数的精确性，具体表现如下：对全站仪测量的沟沿特征点分别用折线法、圆弧法、样条法三种方法进行拟合，以近景摄影测量法提取的沟沿线长度及侵蚀面积为基准，圆弧法拟合后得到沟沿线长度及细沟侵蚀面积的相对误差最小；对 1mm 的 DEM 进行滤波处理后，结果表明滤波对细沟宽度、深度、宽深比的影响较小，但对横剖面面积与横剖面线长度的影响显著；众数滤波对横剖面面积的影响最小；低通滤波和焦点统计法对宽深比的影响较小。

（3）近景摄影测量法能获取高精度的细沟地形高程数据，也是探测细沟高精度形态参数的最优技术。对比全站仪法、三维激光扫描法、近景摄影测量法三种不同测量方法获得的高程值及高程误差，结果表明近景摄影测量法能建立更可靠、更适合细沟特征的DEM，且针对地形复杂的细沟，宜选择顺时针或逆时针拍照模式。不同探测技术手段能获取的细沟形态参数效果是不一样的。由于细沟规模较小,全站仪测量的碎部点间距往往较大,因此仅适合于获取细沟沟沿线长度、侵蚀面积、横剖面宽度、横剖面深度;通过自制测针板可获取高精度的细沟横剖面形态参数,但是无法用于其他形态学参数提取。如果细沟较为笔直、沟型较为简单,在单站即可完整扫描的条件下,三维激光扫描法是较理想的数据采集方法。但自然条件下的细沟往往较为曲折,无法一站完整扫描,多站扫描在拼接上的误差导致细沟参数存在较大误差,无法有效用于细沟形态学研究。对于各种复杂的细沟,近景摄影测量法均可获得相对精确的细沟形态参数,因而其成为细沟形态参数研究的最优探测技术。

(4) 5mm 是获取细沟高精度形态参数的最佳 DEM 分辨率。从近景摄影测量与三维激光扫描建立的不同分辨率的 DEM 提取沟沿线、横剖面形态参数(宽度、深度、横剖面线长、面积、宽深比)、侵蚀面积、侵蚀体积、纵剖面线长,分析其误差与 DEM 分辨率的关系,确定获取细沟不同形态参数的最佳 DEM 分辨率小于 5mm。

本书提出了一种用于干热河谷地区的三维激光扫描与近景摄影测量相结合的高精度细沟探测方法。细沟作为一种微地貌形态,综合考虑获取其形态数据的质量(精度)、效率与成本等因素,近景摄影测量的照片重建对不同弯曲程度的细沟是最为有效的探测方法,三维激光扫描对较顺直的细沟最有效。与此同时,本书还提出了一种近景摄影测量细沟的高精度 DEM 建模方法。通过建立 DEM 分辨率与细沟形态参数误差之间的数学模型,分析 DEM 分辨率对细沟宽度、深度、横剖面面积、侵蚀体积等形态参数的影响,在保证精度的条件下为降低数据采集量提供科学依据。本书所使用的数据来源于野外实测数据,所使用的仪器包括全站仪、三维激光扫描仪、自制测针板及单反相机。

本书在四川省科技厅应用基础项目“放水冲刷试验条件下细沟形态的演化机制”(编号:2017JY0190)和西华师范大学校级国家一般培育项目“基于 BSTR 与 AERM 的细沟断面精细形态研究”(编号:17C032)支持下,以发育于金沙江元谋干热河谷区域的细沟为研究对象,探讨细沟高精度形态参数的有效探测技术方法。

目　录

第一章 绪 论

第一节 背景与意义

一、研究背景

干热河谷是指高温、低湿河谷地带，大多分布于热带或亚热带地区，其气候是由区域地理环境和局部小气候综合作用而成（邓建梅等，2011）。我国干热河谷主要分布于横断山脉地区，其深度切割溶蚀后的特殊地貌造就了干热河谷，尤其是在地形封闭的局部河谷地段。横断山脉地区的金沙江、元江、怒江、南盘江等河流均有干热河谷发育，以金沙江干热河谷的规模最大。金沙江干热河谷在当地被称为"热坝"、"干坝"或"干热坝子"，其热量充足、水资源丰富、耕地集中、人口与城镇密集，是农业相对较发达的区域（张荣祖，1992），但该区域水汽凝结引起热量释放和湿度降低，致使空气温度升高和水分过度损耗，导致河谷坡面森林植被盖度降低、土地荒芜和地表破坏严重。以沟谷侵蚀为主的土壤侵蚀导致金沙江干热河谷生态环境恶化，水土流失极其严重，局地荒漠化现象凸显（张德元，1992）。

金沙江是长江上游和三峡水库的最大沙源（黄川等，2002），三峡水库 52.7%入库多年平均悬移质输沙率来自金沙江（邓贤贵和黄川友，1997）。金沙江流域的主要产沙区位于其下游，该区域地形起伏大，其沟谷侵蚀是河流泥沙的主要来源（张信宝和文安邦，2002）。金沙江下游屏山站多年平均含沙量为 1.7kg/m³，远高于长江宜昌站 0.5kg/m³的水平，而金沙江屏山站的年径流量与输沙量分别为宜昌站的 32.4%和 48.0%（表 1-1），这表明金沙江下游的土壤侵蚀极其严重。元谋干热河谷位于金沙江下游河段，土壤侵蚀（刘刚才等，2011；何毓蓉等，1997）、森林覆盖率变化、耕地面积扩大和工程建设导致其输沙量增加最为明显（周跃等，2006）。该区以沙砾、粉砂、亚黏土和黏土互层为主的土坡广泛发育冲沟，其溯源侵蚀速率较大，可达 50cm/a 左右，最大可达 200cm/a；同时元谋干热河谷沟谷密度较大，一般为 3～5km/km²，最大达 7.4km/km²，地表形态破碎（钟祥浩，2000）。因此，沟谷侵蚀是导致坡面水土流失治理后，河流减沙不显著的主要原因（张信宝和文安邦，2002）。

表 1-1 长流干流水文站年径流量及年输沙量变化

时段/年	宜昌站		北碚站		屏山站	
	年径流量/10⁸m³	年输沙量/10⁸t	年径流量/10⁸m²	年输沙量/10⁸t	年径流量/10⁸m³	年输沙量/10⁸t
1954—1959	4370	5.85	674	1.48	1480	2.60
1960—1969	4530	5.49	750	1.82	1490	2.40

续表

时段	宜昌站		北碚站		屏山站	
	年径流量/$10^8 m^3$	年输沙量/$10^8 t$	年径流量/$10^8 m^2$	年输沙量/$10^8 t$	年径流量/$10^8 m^3$	年输沙量/$10^8 t$
1970—1979	4150	4.75	604	1.07	1330	2.21
1980—1989	4450	5.63	764	1.40	1400	2.56
1990—1996	4210	4.07	573	0.49	1380	2.58
平均	4350	5.17	680	1.28	1410	2.48

资料来源：据张信宝和文安邦（2002）。

侵蚀沟体系一般包括细沟、浅沟、切沟、冲沟（刘元保等，1988）。侵蚀沟在我国黄土高原、东北黑土区、西南干热河谷区等广泛分布。相对于黄土高原区风成黄土和东北黑土区的质地相对均匀性、松散性的特征，干热河谷细沟区的物质条件极为复杂，包括坡积相、洪积相、湖积相等，既有相对松散的物质，也有半成岩的物质。另外，黄土高原的侵蚀沟主要发育在丘陵沟壑区和东北部坡度较缓的漫岗区，而干热河谷区的地貌则为典型的高山峡谷带坝区。因此，干热河谷区的细沟发育具有典型性与复杂性特征。在元谋干热河谷区，细沟通常发育于各种较为平整的坡面之上，尤以道路两侧经过人为开挖的坡面最为显著。细沟发育规模小，在人为扰动下易消失，故细沟常被人们忽视。同时作为农业特色资源丰富区、居民聚集区和生活生产的核心区，密集的沟道分布造成局部地表支离破碎，对区域土地资源与粮食安全造成严重威胁，危及区域的可持续发展。基于前期在元谋干热河谷区的长期工作，笔者对本区细沟的复杂形态具有较为深刻的认识，因此本书以发育于元谋干热河谷的细沟作为研究对象。

二、研究意义

细沟侵蚀是坡面侵蚀的主要方式之一（和继军等，2014），细沟侵蚀量占坡面侵蚀量的70%，占总侵蚀量的45.3%（朱显谟，1982），细沟形成对坡面侵蚀的危害性已得到普遍认同，细沟侵蚀研究不仅对防治坡面土壤侵蚀、发展农业生产有重要意义，还能够促进土壤侵蚀预报模型的建立发展（李君兰等，2010）。细沟的形成是沟道侵蚀的最初发展阶段，如果不对其进行干预和控制，将会演变为浅沟或冲沟，发生不可逆转的演化，因此预报细沟的发生、位置与演化是资源管理领域的基本挑战（Bennett et al.，2015）。细沟形态，包括平面、横剖面与纵剖面，成为联结过去、现在与未来沟蚀活动的纽带（Gao，2011），提供了评估侵蚀量、侵蚀速率、作用过程与演化阶段的基础（Wijdenes et al.，1999），是决定坡地径流与土壤流失量非常重要的因素（Govindaraju and Kavvas，1994）。对细沟形态的预测以及土壤保护与水质评价也是非常重要的（Daggupati et al.，2014）。每条细沟的体积可根据其长度、深度与宽度进行计算（Kimaro et al.，2008；Nachtergaele et al.，2001b），形态参数（长度、宽度、深度）之间的关系还可以用于描述沟道的侵蚀过程（王龙生等，2014；沈海鸥等，2014；Di Stefano and Ferro，2011；严冬春等，2011；雷廷武和 Nearing，2000）。细沟形态是水力条件与环境因素相互耦合作用的结果，因而在一定程度上反映了水动力与其形成的环境条件（比如土壤性质、土体剖面结构），是评价土壤侵蚀强度的基本依据；另外，细沟从触发到浅沟的演化过程中，其形态也随之变化，因而细沟形态在一定程度上也表征了其演化发展的阶段性。

元谋干热河谷区细沟极其发育，尤其是人类活动强烈干扰区，其形态的精确表达依赖于测量技术的适用性、可靠性和先进性。但细沟规模小和形态不稳定的特征，传统测量技术无法获取其高精度形态参数，无法精确揭示其形态演化规律，因此传统测量技术手段可能存在较为显著的缺陷。基于前期的预研表明，多种适宜技术的综合集成可能提高研究的可靠性与便捷性。本书拟在前人研究与笔者前期野外工作的基础上，依靠全站仪、三维激光扫描仪、自制测针板、近景摄影测量等技术以及 GIS 相结合，研究细沟形态的最优探测技术，据此可建立细沟形态高精度探测方法，以期寻找细沟发育规律，探寻防治细沟侵蚀的方法，为元谋干热河谷地区土壤侵蚀防治提供数据支撑和依据。

第二节　相关研究进展

一、细沟研究进展

（一）细沟概念

我国土壤侵蚀的研究早在 20 世纪 50 年代就在黄土高原展开了，作为该区的最主要侵蚀类型，按照表现方式水蚀可分为片状侵蚀和切沟侵蚀，介于这两种侵蚀现象之间的过渡形式叫作细沟侵蚀（rill erosion）（朱显谟，1955）。细沟侵蚀主要发生在 5°~35° 的坡面上，更多的是发生在 10°~35° 的坡面上，其形成和发展是地表径流冲刷力大于地面抗冲力时发生的侵蚀（刘元保等，1988）。坡面细沟侵蚀主要受制于细沟中水流的特征及土壤性质，受雨滴打击的影响很小（Foster et al.，1984）。试验表明，当表土抗剪强度为 5kPa 时，若平均水流动力达到或超过 $2.5N/m^2$，则细沟就会产生。细沟一旦形成，径流的含沙量就会急剧增加（王贵平等，1992）。一般从规模上对细沟进行界定，但在国内外并没有统一的规定。朱显谟（1956）认识到黄土区中细沟的深度和宽度约在 15cm 以内，10cm 左右最多，达到或超过 30cm 的极少；一场暴雨过程中，自然坡面上发育的细沟，其深宽因分布的部位、土质条件及降雨强度的不同，其规模在尺度上变化很大，但其宽度一般为几厘米到几十厘米，深度大多也不超过 20cm（黄土坡面上犁底层的深度）（张科利和张竹梅，2000）。1965 年，联合国粮农组织（Food and Agriculture Organization of the United Nations，FAO）则界定细沟的深度为 5~20cm，在平时耕种犁地时就可以消除。当沟道的集中流下切到耕作层时，其深度在 2~15cm，而宽度在 3~50cm 变化，此时的沟道称为细沟（Turkelboom，1999）。

（二）细沟形态

对细沟形态的描述可以分解为三个方面，即平面、横剖面与纵剖面。

1. 平面形态

细沟的平面形态可以反映沟网的复杂程度(吴淑芳等, 2015; 张攀等, 2014; 雷会珠和武春龙, 2001), 展示大尺度下细沟的延展方向和丛集性。沟长是平面形态参数中最常用的一个(Shen et al., 2015)。沟长被用于描述沟蚀过程, 也成为流域尺度上细沟侵蚀量的主要参数(Bruno et al., 2008)。在某区域内的细沟、临时性冲沟与永久性冲沟的长度总是集中在一定范围内变化(Hobbs et al., 2013; Zhang et al., 2007; Burkard and Kostaschuk, 1997, 1995), 并遵循某种统计分布(Cheng et al., 2007); 然而不同区域的沟长往往差异很大(Adediji et al., 2013)。沟长是表征沟道侵蚀的重要指标, 能有效地用于建立与沟道侵蚀量间的关系(Di Stefano et al., 2013)。沟长可通过航片或卫片解译得到, 因而常成为估算侵蚀量的最佳参数(Hobbs et al., 2013; Frankl et al., 2013; El Maaoui et al., 2012; Bouchnak et al., 2009; Capra et al., 2009; Cheng et al., 2007; Capra et al., 2005; Nachtergaele et al., 2001a; Nachtergaele and Poesen, 1999), 也是认识与评估侵蚀程度的重要指标(Cheng et al., 2007; Nachtergaele et al., 2001a; Casalí et al., 1999)。已有研究表明细沟的侵蚀体积与沟长二者之间往往具有幂律关系(Di Stefano et al., 2013), 这种关系不仅与沟道类型有关, 还与两种侵蚀形式(细沟与临时性冲沟)的不同尺度因素有关(Capra et al., 2009)。细沟的沟长也可以用于描述沟网平面形态的复杂程度以及分支情况, 支沟发育量的多少决定着细沟总长度的变化, 从而影响细沟侵蚀量的大小(霍云云等, 2011; 张晴雯等, 2002)。细沟密度是细沟的总长度与汇流面积的比值, 是衡量流域内沟道多少的重要指标(Shen et al., 2015; Bewket and Sterk, 2003)。细沟侵蚀由于受局部微地形影响大(李妍敏等, 2013), 在沿程变化上具有较大的不确定性, 局部的地形、土质和植被覆盖情况等都会造成细沟侵蚀形态的改变, 从而导致整个沟网形态的变化(张永东, 2013)。

2. 横剖面形态

横剖面精确数据不仅对于计算侵蚀量与侵蚀速率是非常重要的(Frankl et al., 2013; Capra et al., 2009; Cheng et al., 2007; Casalí et al., 2006; Sidorchuk, 2005; Nachtergaele and Poesen, 1999; Vandaele et al., 1997; Wijdenes and Bryan, 1991; Harvey, 1974; Seginer, 1966), 而且也有助于揭示侵蚀过程(Di Stefano et al., 2013; Zucca et al., 2006; Rowntree, 1991)。细沟的横剖面有矩形或梯形(Zhang et al., 2007; Yang et al., 2006), 但其最常见的形态仍然是 U 形与 V 形(Zhang et al., 2014)。横剖面的形态可以借鉴冲沟相关指标, 利用规模参数与比例参数进行刻画。规模参数包括: ①宽度, 如顶宽(Frankl et al., 2013; Gabet and Bookter, 2008)、1/4 宽度(Gabet and Bookter, 2008)、平均宽度(Heede, 1970)和底宽(Frankl et al., 2013; Heede, 1970); ②深度, 如最大深度(Frankl et al., 2013; Zucca et al., 2006; Valcárcel et al., 2003; Ludwig et al., 1995; Govers, 1987)和平均深度(Heede, 1970); ③面积(Frankl et al., 2013)。比例参数包括宽深比(Gabet and Bookter, 2008; Zucca et al., 2006; Heede, 1970)、最大深度与平均深度之比(Heede, 1970)。这些参数在不同的位置往往具有很大的差异, 并不总是遵循正态分布, 细沟的宽度与长度

的频率分布呈现负偏态分布（Green et al.，2007）。横剖面的规模参数可以在野外通过仪器和工具直接测得，如皮尺、标杆、卷尺、微地形剖面仪、全站仪、机械断面仪、激光断面仪与测距仪（Castillo et al.，2012；Capra et al.，2009；Hu et al.，2009，2007；Casalí et al.，2006；He et al.，2006；Rustomji，2006；He et al.，2005；Wu et al.，2005；Øygarden，2003；Smith et al.，2002；Casalí et al.，1999；Archibold et al.，1996），也可以从数字高程模型（DEM）提取（Giménez et al.，2009；James et al.，2007；Martínez-Casasnovas et al.，2004；Daba et al.，2003；Betts DeRose，1999）。

3. 纵剖面形态

沟底纵剖面形态一方面预示着细沟侵蚀作用的强弱，另一方面也关系着不同位置土壤性质的差异（姚士谋等，2011；董一帆和伍永秋，2010），是反映细沟沿程变化以及土壤抗蚀性的重要参数（王磊，2016）。目前，关于纵剖面的研究多集中于河床纵剖面和泥石流沟谷纵剖面，并以前者居多，尹国康（1963）、许炯心（1990）、王兆印等（2006）、闵石头和王随继（2007）曾用凹度、河床比降、河相系数、主槽平均河床高程等指标来描述河床的纵剖面特征，而对于细沟纵剖面形态的研究则较为少见。细沟沟道的发育与纵剖面形态变化相伴发生，当侵蚀基准面维持不变时，伴随着细沟在初始凸型剖面的发育过程，凸型剖面渐次转向直型、折线型直至对应于平衡状态下的上凸下凹型（徐为群等，1995）。此外，坡度和坡型也决定着细沟的纵剖面形态发育，细沟侵蚀的临界坡长与坡度是有极小值的二次抛物线关系（郑粉莉，1989），3 个不同形态（直型坡、凸型坡和凹型坡）的坡面侵蚀机制具有明显差异（谭宽祥，1990）。

二、细沟形态探测技术

（一）全站仪法

全站仪全称为全站型电子速测仪，是集光、声、电为一体的高技术测量仪器，它把测距、测角和微处理机等部分结合为一体，适用于对移动目标和空间点的测量，测量精度高、速度快、自动化程度高（孟凡超，2010），是目前野外数据采集的重要仪器之一（骆永正和易天阳，2006）。全站仪法与传统方法相比，省去了大量的人工操作环节，也有效地避免了人工操作与数据记录中较高的差错率（何诚和冯仲科，2010）。在林业定位工作中，全站仪的使用提高了林业定位信息获取的精度与速度（景海涛等，2004）；在一个测站点能快速进行三维坐标测量、定位以及数据的采集与存储（孙占群等，2009）；在桥梁隧道、公路控制测量等工程测量领域也运用广泛（岑新远，2012）。运用全站仪进行数字测图，结合全球导航卫星系统 - 实时动态定位技术（global navigation satellite system-real-time kinematic，GNSS-RTK）能实现数字测图的优势互补，使数字测图无缝连接，提高测量精度和效率（陈洪良，2016）；全站仪测量结合高分辨率遥感影像、QuickBird 影像、ArcGIS 等技术能够确定侵蚀沟形态特征（Ehiorobo and Ogirigbo，2013），获取形态参数（李镇等，2014），为进行精准的地形建模和定性定量的空间变化评估提供可能

（Kociuba et al.，2015），且该技术相较于传统的卷尺、插钎等监测方法具有较高的估算精度（张鹏等，2008）。通过使用全站仪和全球差分定位系统（differential global positioning system，DGPS）获取 DEM，为侵蚀沟道研究提供了基础数据（Castillo et al.，2014）；与 ArcGIS 软件相结合，从微流域尺度揭示细沟的发育特征和控制因素（李响等，2015），获取细沟平面形态，能够为研究细沟的体积、侵蚀速率、演化过程及阶段特征提供合理的依据（Deng et al.，2015a），全站仪测量后生成的三维图也能够有效地表征侵蚀沟的变化（秦高远等，2007）。关于小流域内土壤侵蚀的研究主要有降雨和放水冲刷模拟两种方法，且主要集中在黄土高原地区和东北黑土区。切沟研究的空间尺度相对较大，难以进行室内模拟，而对细沟的研究，无论是在室内还是野外进行试验，试验范围均较小，可控制性强，全站仪能更准确地表达微地形的形态特征，更好地获取细沟各参数，为细沟侵蚀的研究提供科学的基础数据。

（二）3S 技术

全球定位系统（global positioning systems，GPS）、遥感技术（remote sensing，RS）、地理信息系统（geography information systems，GIS）（统称为 3S 技术），是空间技术、传感器技术、卫星定位与导航技术和计算机技术、通信技术相结合，多学科高度集成的对空间信息进行采集、处理、管理、分析、表达、传播和应用的现代信息技术（程鹏飞等，2019）。随着计算机技术的发展，3S 技术也广泛地应用于侵蚀沟研究中。GPS 为侵蚀沟研究提供快捷的精确测量技术手段（Araujo and Pejon，2015；Adediji et al.，2013），测量其位置信息（Castillo et al.，2014），为建立地形高程数据模型提供基础数据源（Tsvetkova et al.，2015；Castillo et al.，2014；Hu et al.，2007），获得其形态特征（李佳佳等，2014；Adediji et al.，2013；Ehiorobo et al.，2013；Tsydypov et al.，2012；Hu et al.，2009；Cheng et al.，2007；Cheng et al.，2007；何福红等，2005）。RS 可以快速解译侵蚀沟及其发育环境的信息，利用高分辨率遥感卫星影像数据，结合 GIS 可以获得侵蚀沟分布矢量数据（贯丛等，2019；Li et al.，2011；Mohammadi and Nikkami，2008），进行侵蚀沟动态变化和空间分异的研究（闫业超等，2006），研究坡面侵蚀量和侵蚀沟分布情况，探索不同侵蚀强度等级、坡度和坡向等方面坡-沟侵蚀关系（李鹏，2018；吴琼和樊向国，2018）。GIS 能将 RS 和 GPS 或其他手段所获取的侵蚀沟数据进行采集、处理、存储、分析和制图，生成 DEM（郭兵等，2012；宋华等，2016），提取侵蚀沟形态参数（马玉凤等，2010；李天奇，2012；李天奇等，2010；Eltner et al.，2015），如流域面积、坡度、坡长、沟沿线等（张岩等，2015；李镇等，2012），结合多元统计分析侵蚀沟发育与岩性、土地利用、地形和道路位置的关系（Conoscenti et al.，2014），探讨地质环境因素对侵蚀沟分布和发展的影响（梁倍瑜等，2016；杜书立等，2013；Zhu，2012；Conforti et al.，2011；Li et al.，2010），研究侵蚀沟与景观格局之间的关系（王文娟等，2011），进行侵蚀沟的数值模拟和预测分析（Gomez Gutierrez et al.，2009；Kheir et al.，2008，2007；Bocco et al.，1990）。

由于细沟解译对于数据的精度要求较高，运用遥感卫星获取的数据难以反映细沟尺度的信息，不能从中提取到精确的细沟沟谷系统，因此遥感较少应用于细沟方面的研究。细沟的空间尺度相较于其他规模侵蚀沟而言最小，其测量难度更大，测量尺度也难以把握，因此利用 GPS 测量方法来研究细沟的也较少。为了建立能够反映细沟高精度形态的 DEM，则意味着数据采集间距越小越好，而 GPS 的数据采集工作量则会呈几何级数增加，因此，确定合理的细沟地形 GPS 测量间距是目前迫切需要解决的重要科学问题（何福红等，2006）。

（三）三维激光扫描技术

三维激光扫描技术（three-dimensional laser scanning）是一种利用激光测距原理确定目标空间位置的新型测量技术，采用高精度逆向三维建模及重构，又称为"实景复制技术"（范海英等，2004），兴起于 20 世纪 90 年代中期。与传统的测量方法相比，三维激光扫描技术具有以非接触的方式快速而自动地获取高精度、高密度的地面三维空间数据，满足小范围、高精度地形建模的需要等优点，近年来广泛运用于古建筑保护、滑坡监测、地形测量以及水土保持等多个领域，其在水土保持方面的研究应用主要集中在冲沟和细沟等领域。三维激光扫描仪在细沟沟蚀监测过程的流程主要包括外业数据采集、数据的配准和拼接、点云数据处理、坐标转换、TIN（triangular irregular network，不规则三角网）及等高线生成、侵蚀量估算、利用 ArcGIS 软件提取信息并生成图件（张姣等，2011）。Eltner 等（2015）对北欧黄土地区的细沟进行研究时，利用地面激光扫描对无人机获取的精度大于 1cm 的数字表面模型（digital surface model，DSM）进行校准，发现细沟侵蚀具有季节性变化，夏季暴雨突发时细沟侵蚀最为剧烈，且下蚀大于侧蚀。Hancock 等（2008）用地面激光扫描技术对位于煤矿区休止角斜坡上发展起来的细沟进行测量，发现该方法能够获取整个坡面以及细沟的形态，但细沟的参数却不好定义，所获取的 DEM 不能提取细沟的深泓线以及堤顶，因此生成了一系列界定不明的纵向下坡洼地。Vinci 等（2015）对意大利中部的细沟形态与相应的土壤侵蚀地区进行调查，发现地面三维激光扫描技术得到的初步结果很适合用来估算细沟的特征，在未来还可以通过不同的位置来减少扫描盲区，提高地面激光扫描的监测能力。利用三维激光扫描仪对室内人工降雨前后的坡面进行监测发现，三维激光扫描技术能够准确地计算出坡面细沟发育形态数据和细沟侵蚀量，直观地监测坡面各点的微地形变化（Vinci et al.，2015），且能够快速、准确、高效地估算侵蚀量（马玉凤等，2012；张鹏等，2008），亦适用于野外实地监测细沟侵蚀发育过程，并且可将扫描结果应用于侵蚀模型的建立（霍云云，2011）。使用三维激光地貌分析仪对东北典型黑土区的细沟侵蚀进行扫描，观测细沟侵蚀的发展过程，结果证明使用三维激光扫描技术对细沟侵蚀进行监测是可行的，且随着时间推移，细沟侵蚀是一个不断稳定加强的过程（王珊等，2013）。

三维激光扫描仪虽然能较真实地反映地表形态，但在监测细沟侵蚀时仍还有缺陷。由于地形的起伏，植被以及人工设施等的阻挡，监测时出现扫描死角，存在数据缺损，因此使用测量精度均为亚米级的高精度差分 GPS，可以监测到缺失的地形，弥补三维激光扫描技术的不足（马玉凤等，2012）。在实际应用过程中，三维激光扫描仪对光线要求较高，调平过程较为复杂，且对扫描结果进行处理的软件过于简单，因此在实际监测中可通过遮挡光线、固定仪器脚架、加大软件开发力度等途径加以解决（王珊等，2013）。受仪器本身的有效扫描距离和范围的影响，以及进行多站测量时，靶标距离太远则不能被识别，设站太多会使得工作量太大，获取的数据量太大也不利于数据的后处理，因此如果流域范围较大的话，就需要与机载扫描结合（张姣等，2011）。

（四）摄影测量法

摄影测量学是从非接触成像系统，通过记录、量测、分析与表达等处理，获取地球及其环境和其他物体的几何、属性等可靠信息的工艺、科学与技术（张剑清等，2009）。按摄影机平台的位置不同，摄影测量可以分为航天摄影测量、航空摄影测量、地面摄影测量、水下摄影测量和显微摄影测量，其中地面摄影测量又分为地面立体摄影测量和近景摄影测量（潘洁晨等，2016）。航天摄影测量、航空摄影测量能够快速地大范围成像，故而在冲沟侵蚀的研究中运用较多（Lannoeye et al.，2016；Conforti et al.，2011；Sattar et al.，2010；Marzolff and Poesen，2009；Ndomba et al.，2009；Marzolff and Ries，2007；Wensheng et al.，2005；Daba et al.，2003；Martínez-Casasnovas et al.，2003）。但由于航天或航空图像对微观地貌的描述比较弱，其在细沟侵蚀中的研究效果并不那么理想（Fiorucci et al.，2015），因此细沟研究多采用近景摄影测量法。近景摄影测量法可以测量高频微观地形地表，并表征侵蚀和沉积的空间分布以及强降雨条件下的细沟侵蚀发展（Gessesse et al.，2010）。在降雨条件下的土壤侵蚀实验中，由电荷耦合器件（charge-coupled device，CCD）相机拍摄的高重叠土壤表面图像可以消除由雨滴中断的点，同时保持大量的特征点用于图像匹配，通过约束视场，可以减少图像采集期间的雨滴干扰，这样就能够采集高质量的数码图像，再结合数字点云匹配和 DEM 计算土壤侵蚀，以研究细沟的发展（Guo et al.，2016）。

近年来，摄影测量技术已经应用于通过无人机（unmanned aerial vehicle，UAV）拍摄的小型航空照片中，UAV 技术被认为是一种快速的非入侵方法，UVA 摄影测量技术在数据采集速度、数据处理自动化程度和成本效益方面是一种有前景的方法。Bazzoffi（2015）借助 UVA 与 GIS 相结合，通过高分辨率 DEM 获得细沟长度、深度等形态参数，验证了以曲率分析和局部统计分析为核心的方法在研究细沟形态方面的可靠性。Carollo 等（2015）采用无人机摄影测量技术测量三个田间尺度的细沟，建立了分辨率为 1cm 的 DEM，比对人工和自动化方式提取横断面形态参数的可靠性，结果表明对于深度较浅的细沟，相对于人工目视解译方法，最大坡度陡降的自动方法可以有效地获得细沟的主要形态参数。卢洁（2018）借助 GIS 与无人机测量，依据地面曲率和焦点统计法成功地提取了细沟的分布网络。通过不同高度采集的数据比较，发现 50m 是采用 UVA 获取细沟形态的最佳飞行高度，当高度超过 200m 时，细沟基本不能被识别（Kashtanov et al.，2018）。Schneider（2013）基于时间序列的航空照片被用来生成不同时间点的 DEM，以此来定量描述细沟侵蚀网络的演变。

综上，航天、航空摄影测量能够快速地大范围成像，提供多源、多时相、高分辨率的航空照片和卫星图像，满足了侵蚀沟研究的多元化分析。但在细沟侵蚀研究中，细部特点表征的准确度是至关重要的，而航天航空图像不能对微观地表进行很好的描述，限制了其在面向细沟侵蚀研究中的应用。无人机摄影测量正逐步成为细沟研究中一种重要的有效手段，但是由于受天气的影响特别大，其适用程度仍受一定限制。因此，传统的近景摄影测量法依然在面向细沟的土壤侵蚀研究中占据重要地位。

三、简要评述

传统数据获取手段有力地推动了细沟的研究，但仍存在以下不足。

（1）在数据获取技术上，传统的全站仪、GPS 等测量技术因细沟的规模较小而不能有效地使用，需要探寻适合细沟的数据获取技术体系与处理方法。尽管三维激光扫描仪技术已经在细沟的研究中得到了普遍的应用，然而在数据采集时其点云数据的步长设置及精度却很少被沟蚀研究学者关注。

（2）粗糙的地表形态影响了研究人员对细沟形态及其形成机制的精确认识，使得研究结果的可靠性降低。

（3）在复杂沟道边界条件下，细沟的形态演化获得过程具有复杂性。尽管研究人员在过去几十年里对于细沟演化过程进行了不懈的探索，但还不完全清楚。

第三节 研究目标与内容

一、研究目标

准确理解细沟形态演化与形成机制有赖于高精度形态参数的获取。为了建立细沟形态参数的有效探测方法，本研究基于野外自然发育的细沟，通过建立细沟区控制网，采用自制测针板（横剖面仪）、全站仪、三维激光扫描、近景摄影测量等技术方法对细沟区地形及细沟形态进行测绘，探讨不同方法的坐标数据采集精度及其对细沟各形态参数的影响，据此可建立细沟形态参数采集的最优技术体系。本书的研究结果不仅有助于提高细沟研究工作的可靠性与效率，也能更精细地揭示细沟形态的演化规律。

二、研究内容

本书的研究内容主要包括以下两个方面。

（1）细沟野外数据采集技术研究。利用近景摄影测量法、三维激光扫描法、自制测针板、全站仪法等方法和技术手段，对野外自然形成的细沟形态参数进行测绘，评估不同测量技术获取的坐标点高程差异及精度，探索各种方法的优缺点和数据后续处理方法，为细沟形态学研究提供技术支撑。

（2）不同测绘方法的细沟形态参数研究。从细沟平面、横剖面和纵剖面三个维度，评估不同测量方法和不同 DEM 分辨率下形态参数的误差。形态参数主要包括：细沟沟沿线、侵蚀面积，横剖面宽度、深度、面积，横剖面线长度、宽深比，纵剖面线长度、侵蚀体积。

本书的技术路线图如图 1-1 所示。

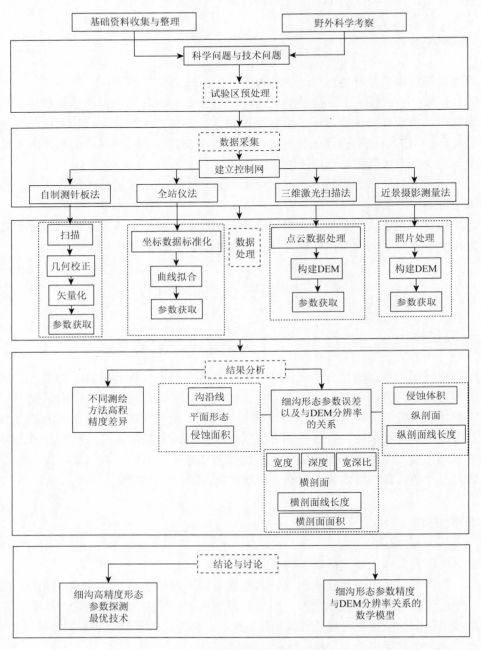

图 1-1　本书技术路线图

第二章 数据采集与预处理

第一节 研究区概况

元谋干热河谷位于中国西南部的云南高原北部，金沙江一级支流龙川江下游，地理位置在 101°35′E～102°06′E 和 25°23′N～26°06′N 之间。河谷中部为元谋盆地，海拔 980～1600m，龙川江由南向北流经元谋盆地。东部山地高出盆地 1200～1400m，由山顶至盆地呈阶梯状下降；西部多山岗和丘陵，南部山地海拔 1400～2600m，北部山地海拔 1800m 以上（邓青春等，2014）。区域气候炎热，干湿季分明，年均温 21.9℃；多年平均降水量为 642.9mm，雨季（5～10 月）降水量占全年的 90%以上，年均蒸发量 3640.5mm（张斌等，2009）。境内广泛分布元谋组地层，松散易侵蚀（钱方和周兴国，1991）。区内地带性土壤为燥红土和红壤。地形破碎、千沟万壑，冲沟侵蚀极为严重（杨艳鲜等，2013）。本书细沟采集样区位于元谋县沙地村野外自然坡面（图 2-1），该区域范围约 1km²，东西长约 20m，南北宽约 50m，地势平坦，土壤类型以变性土和燥红土为主，土壤的岩性及胶结性差，极易遭受侵蚀。区域细沟发育较好，呈现细沟网系统，选取其中发育连续的两条细沟作为本次研究的样例，其横剖面宽度最大不超过 30cm，深度最大不超过 10cm（图 2-2）。由于其植被覆盖率过低，以及受人为活动影响较小，因此该区域是较理想的数据采集样区。

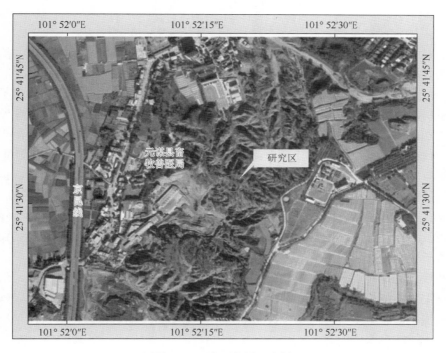

图 2-1 研究区位置示意图

图 2-2　样例细沟

第二节　建立控制网

　　为了对细沟形态进行准确测量，并比较不同方法采集地形数据的可靠性，需要建立研究区的控制网，使得不同方法获取的数据具有相同的坐标系。在全站仪建站时，由于研究区域面积较小，因此本次研究采用独立坐标系，建站点使用自定义平面坐标及高程坐标。控制网利用徕卡 TCR-802 全站仪进行导线控制测量，该全站仪测角精度为 2″，测距精度为 $2mm + 2 \times 10^{-6}D$。本次控制网等级采用二级导线进行测量，每个控制点测量一个测回[测量精度及要求参照《工程测量标准》（GB 50026—2020）平面控制测量部分]。根据地形条件及研究对象的特征，设置 5 个相互通视的控制点（图 2-3），构成一个闭合导线。这些控制点分布在研究对象的外围，其中 4 个控制点在地表，用长 0.5m、截面边长为 0.5cm 的正方形钢筋锤入地下至与地面齐平；1 个控制点位于较粗桉树桩（已枯死）中心，用长 0.1m、钉帽直径为 0.5cm 的水泥钉锤入。考虑后期对细沟演化的长期监测使用，布置于桉树桩的控制点便于野外查找。

　　对布设好的控制点，用全站仪测量其坐标。为了提高控制点的测量精度，使用单棱镜三脚支架对中杆，测量时将对中杆的圆水准泡调至圆圈中心；全站仪的十字丝交点尽量与单棱镜中心位置重合；对每个控制点使用"盘左""盘右"各测量一次坐标，取其平均值为该控制点的坐标。

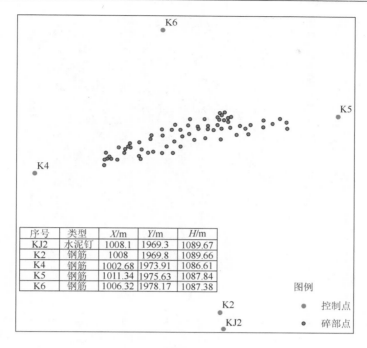

序号	类型	X/m	Y/m	H/m
KJ2	水泥钉	1008.1	1969.3	1089.67
K2	钢筋	1008	1969.8	1089.66
K4	钢筋	1002.68	1973.91	1086.61
K5	钢筋	1011.34	1975.63	1087.84
K6	钢筋	1006.32	1978.17	1087.38

图 2-3　控制点分布示意图

第三节　自制测针板法

测针板由一排或多排多根等长、等截面规格的可上下活动的测针构成（Hirschi et al.，1987）。测量时将装置沿垂直于沟底线方向平稳放置，在不破坏地形的情况下，紧贴地面，测针在重力作用下垂直下降，形成相对高差基点，通过人工读数、电子设备自动记录、格网化后摄影数字化等方法获得相应点的相对高差。测针板水平距离采样精度在 1～15cm、垂直量程多为 25～50cm，手动测针法高程精度一般为 1～5mm（朱良君和张光辉，2013）。测针板法原理简单，操作方便，且可以对横剖面进行等比例的绘制，因此常用于地表微地形的测量。本次研究中使用自制测针板如图 2-4 所示，测针板宽度和高度分别为 80cm 与 60cm，测针为截面边长 0.5cm 的正方形木柱，木柱长度为 60cm，其垂直量程与水平量程分别为 74cm 和 54cm，水平距离精度为 5mm。

一、横剖面的测绘方法

在野外测量时，将空白纸张夹在板上，夹纸侧朝向细沟下游方向；将测针板下缘两端与待测细沟横剖面基本重合，并尽量保持板的上缘水平，让测针垂直向下轻轻落到沟道内，则细沟的横剖面按 1∶1 比例投射到测针板上，用彩色铅笔在白纸上描绘横剖面，并用同色铅笔在曲线上记录该横剖面的编号，例如 R1CS1 表示第 1 号细沟第 1 个横剖面。

图 2-4　自制测针板测量细沟横剖面示意图

二、室内数据处理

将野外绘制的剖面图纸,平铺在桌面上,在其四角标上坐标,然后用单反相机拍照。将照片传至计算机后,在南方 CASS 7.1 成图软件中,设置比例尺为 1∶100,加载图像(即扫描的照片)然后对光栅图像进行几何纠正。考虑到测针板绘制草图呈锯齿状的特征,在矢量化时,从向外侧转折处连接绘画,图 2-5 显示了对第 1 号细沟第 4 个横剖面局部进行矢量化的方法。矢量化后的横剖面图形转成.dwg 格式,在 AutoCAD 中测量相关参数值,并以此作为评价基准,用以后文评估从细沟 DEM 中提取的横剖面形态参数误差。

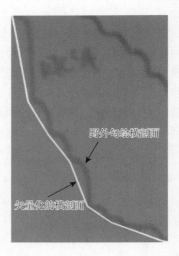

图 2-5　细沟横剖面的矢量化方法(未光滑处理)

第四节　全站仪法

在进行 DEM 精度评价前,要获取一定数量坐标点的真实高程数据,需要确定采样点并通过人工野外进行样点数据采集（刘奕辉，2017）。在本研究中，使用全站仪 TCR-802 测量细沟的横剖面、沟沿线及沟底线，获取碎部点信息，采集的数据可作为样点数据，用以评估 DEM 的建模精度以及从 DEM 提取的形态参数的精度。

一、野外测绘

在测量横剖面时，按细沟水流流向，对每条细沟设置若干横剖面，在对应位置用水泥钉做好标记，并标记编号，使用 1.38m 高的对中杆加单棱镜从右至左进行测量。根据横剖面的特征，选择微地形变化的转折点作为特征地形点进行碎部测量，主要包括横剖面的顶点、沟沿点、沟底点等，每个碎部点在全站仪中按 "细沟编号 + CS + 碎部点号" 进行编号，例如 R1CS101，表示第 1 号细沟第 1 个横剖面 01 号碎部点。在测量时尽可能让对中杆的圆水准气泡居中，全站仪准确瞄准单棱镜中心；测量的碎部点要尽可能反映横剖面曲线的形态特征。

测量细沟的沟底线时，使用对中杆加单棱镜，从沟头上方开始沿细沟沟床中最低点向沟口进行测量。如果沟床中有跌坎，则对其坎缘、坎脚进行测量；以 10~20cm 的步长进行测量。测量的碎部点在全站仪中按 "细沟编号 + T + 碎部点号" 进行编号，如 R1T08 表示第 1 号细沟沟底线上的第 8 个碎部点。

测量细沟沟沿线时，考虑到沟沿线均可通视，为了提高测量的精度，使用免棱镜模式进行测量。为了提高沟缘的反射率及方便测量，使用长度为 1m、截面边长为 0.5cm 的柱形钢筋，在其一端用宽为 0.5cm 的白纱布缠绕两圈，在测量时用其接触地表以指示沟沿线特征点。沟沿线碎部点的步长根据其曲折程度确定，一般为 10~20cm；从细沟口开始，沿顺时针或逆时针方向先后运行时碎部点测量。在全站仪数据存储中，沟沿线碎部点按 "细沟编号 + S + 碎部点号" 进行编号，例如 R1S10 表示第 1 号细沟沟沿线的第 10 个碎部点。

二、数据处理方法

为了获得细沟纵、横剖面图形，需要对特征点的坐标进行标准化处理：以第一个碎部点（特征点）为参照，计算其他碎部点在平面上的坐标，将三维立体坐标（E, N, H）降维为二维平面坐标（X, Y），其计算公式为

$$X_i = \sqrt{(E_i - E_0)^2 + (N_i - N_0)^2} \tag{2-1}$$

$$Y_i = H_i - H_0 \tag{2-2}$$

式中，E_0、N_0、H_0 分别为第一个碎部点（参考点）的东、北、高程坐标；E_i、N_i、H_i 为第 i 个碎部点的东、北、高程坐标；X_i、Y_i 为第 i 个碎部点标准化处理后的平面坐标，X 表示水平距离，Y 表示高程。显然，对于参考点其平面坐标为（0，0）。标准化处理后的坐标（X_i, Y_i）可以直接在南方 CASS 7.1 软件中展点，连接这些点即生成细沟纵横剖面的折线图，以适当的方法拟合即可生产细沟纵横剖面的曲线图形，用于细沟的形态学特征分析。

为了获得细沟的平面形态特征，将测量的沟沿线碎部点在 CASS 7.1 展点后按顺序连接起来，则可获得细沟平面形态（沟沿线）的折线图，用样条法或圆弧法拟合则可形成沟沿线图形。

对于细沟沟底线的特征，可将测量的沟底线碎部点在 CASS 7.1 中展点后按顺序连接起来，形成的折线图用样条法或圆弧法拟合后，能获得沟底线的图形。

第五节　三维激光扫描法

三维激光扫描法通过扫描仪发射激光，在其照射到目标物后，利用接收器接收反射光，测量光波来回的时间差以及平面镜的选择角度来测量距被测物体的距离和激光发射点的角度，可以快速获取大量的点云数据，近似模拟物体的整体特征（代志宇，2017）。三维激光扫描的流程包括外业数据的采集和内业数据的处理。本次研究中外业数据采集使用 Riegl VZ400 三维激光扫描仪，其扫描精度为 2mm（一次单点扫描，距离为 100m 时），扫描距离为 600m，扫描视场范围为 100°×360°。

一、扫描区预处理

为了将植被对地形的影响降至最低，在扫描前对研究区的草被进行人工割除，割去其地上部分，留下的根茬高度基本与地表齐平。

二、野外扫描方法

（一）设置标靶并测量其坐标

为了便于后期室内处理时的拼接以及坐标统一，考虑到测区范围小于 100m，且站与站之间步长在 100m 之内，故在研究区周边粘贴若干直径为 5cm 且对激光具有极高反射性能的标靶，并用全站仪的免棱镜模式精确测量各标靶中心的坐标。

（二）扫描

使用 Riegl VZ400 三维激光扫描仪并用两种方式对测区进行扫描。一是使用不同扫描步长进行扫描。为了比较不同扫描步长下点云数据建模的差异，对同一条细沟，在同站分别采用 0.1cm、0.2cm、0.4cm、0.6cm、0.8cm、1.0cm 六种扫描步长进行扫描。二是使用相同扫描步长进行多站扫描。采用 0.1cm 扫描步长，共进行 3 站扫描，扫描的点云数据全部覆盖研究区。

三、数据处理流程

三维激光扫描点云数据内业处理流程包括反射标靶的点云数据配准、拼接、点云肤色、删除杂点数据以及点云矢量化处理，利用 RiSCAN PRO 1.6.4 软件对扫描数据进行处理，运行该软件并加载各站扫描数据具体流程如下。

（1）数据加载后查看 SOP，重新设置坐标，取消位置测量；POP 中原始数据和方向全部清零。

（2）在视图窗口下定义仪器内部坐标，导入外部测量时反射靶的坐标值（格式为.txt）；在弹出的对话框中，在"comma"状态下，将 X、Y、Z 拖动到对应位置并确定；弹出的对话框中将出现标靶个数及其对应坐标，全选坐标值并复制到工程坐标中。

（3）查找反射片。选中数据，单击右键→Find reflecters...→在弹出的对话框中设置查找半径（一般约为反射片的 1/2）。弹出反射片列表，然后拖入对应数据，在二维模式下以反射率类型显示。

（4）在新打开的二维视图中点击按钮，在下拉菜单中选择第一项 Show TPL SOCS，此时途中将出现反射标靶序列号，同时打开 TPL 列表，查看图表中的标靶序列号是否匹配。

（5）选择二维视图中反射片位置，选中的为红色。TPL 列表中蓝色条带代表所选反射片，未选中的则为干扰点。此时反选，删除干扰点。如果二维视图中有反射片未标注，则需手动添加。点击查找对应点，找出误差最小的公共点。

（6）新建视图，将处理后的数据全部拖入，在三维模式下以反射率形式显示；查看实验对象的全局坐标，然后检查数据精度。将数据全部选中，以单一色显示，执行去噪点，过滤植被。检查数据拼接的精度。

（7）创建导出区域，导出所需要的数据，以.dxf 格式存储。在导出数据时，亦可对处理后的点云数据进行不同程度抽稀存储。

处理后的数据，将被用于在 ArcGIS 中建立细沟区的 DEM。

四、点云数据比较

（一）不同抽稀点云数据特征比较

对点云数据进行合理的抽稀，在保证地形精度的情况下，可以去除冗余数据，降低后期数据处理的难度。系统抽稀的原理是对于点云采样数据 $s(s_1, s_2, \cdots, s_n)$，确定抽稀系数 $t(1 < t < n)$，E 为 S 的一个子集，使 $E(s_t, s_{2t}, \cdots, s_{kt})$，$k < n$。子集 E 就是需要的集合，该方法效率高、复杂度低（缪志修等，2010）。以 0.004m 扫描步长为例，分析不同抽稀程度（即抽稀系数）与点云数据量、点云最大点距、点云平均点距与标准差之间的数量关系（图 2-6）。

对同一区域单次扫描结果的点云数据进行抽稀处理，在双对数坐标散点图中，散点排列成一条直线，拟合方程的 $R^2 = 1$，抽稀系数与点云数据量之间具有线性关系（$y = -1.0037x + 14.41$）。因此，通过抽稀可较大地降低三维激光扫描点云的数据量，从而提高计算机处理数据的效率。

从抽稀系数与点云最大点距的关系来看，虽然点云最大点距与抽稀系数之间并不具有纯粹的单调递增关系，但是二者之间仍具有对数关系（$R^2 = 0.8071$），系数为 0.0459，表明二者之间在总体变化趋势上是增加的。

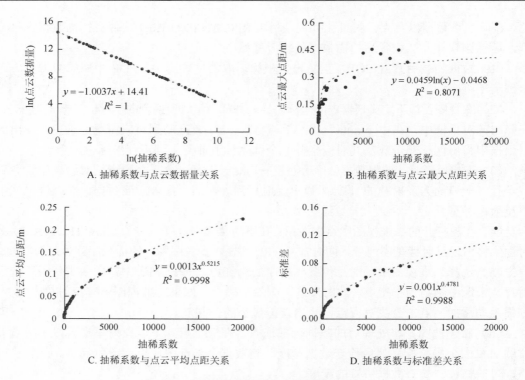

图 2-6　不同抽稀条件下点云数据特征

从抽稀系数与点云平均点距、标准差之间的关系来看，可用幂函数进行拟合，且具有极高的 R^2 值。

（二）不同扫描步长结果比较

对野外同一站设置的不同扫描步长数据进行处理，研究扫描步长对点云数据的影响。从扫描步长与点云数据量的关系来看，设置的扫描步长越长，扫描结果中点云数就越少，二者之间呈幂指数衰减，尤其是当扫描步长较小时，点云数据量的差异极大（图 2-7）。

对于不同扫描步长得到的点云数据，计算相邻点步长，结果表明设置的扫描步长越大时，相邻两点步长的最大值（即最大点距）呈增大之势，二者之间的数学拟合函数可用 $y = 0.2603x^{0.2448}$ 来表示，其 $R^2 = 0.7237$ 显示二者之间的相关性较高。扫描步长与点云步长的标准差之间呈幂律关系，$R^2 = 0.9999$ 显示二者之间的幂律关系极其显著。

对于扫描步长与平均点距之间的关系，在二者的散点图中，这些点几乎呈直线排列，用幂函数进行拟合：$y = 0.9233x^{1.0558}$，$R^2 = 1$ 表明呈完全显著关系。

综上分析，三维激光扫描仪的扫描步长设置为 0.8cm，研究区点云数据相邻点步长平均为 0.56cm，可作为野外作业的参考步长。但是构建的 DEM 精度及对于提取的形态参数差异，在后文中进一步分析。

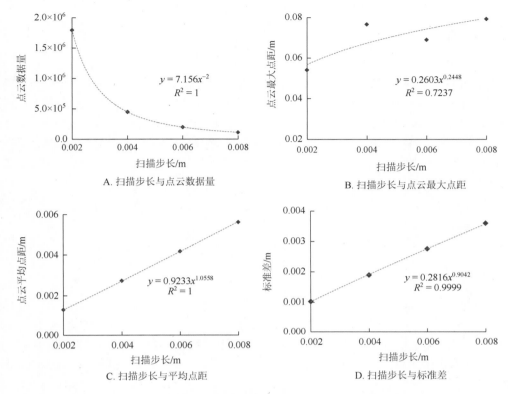

图 2-7　扫描步长对点云数据的影响（按 1/4 系数抽稀后）

第六节　近景摄影测量法

近景摄影测量作为一种不接触被测物体且高精度的测量方法，可瞬间获取被摄物体大量的物理信息和几何信息，并可提供其三维空间坐标等（冯文灏，2012）。近景摄影测量仪使用专业的量测和非量测摄影器材，对被摄对象进行小于 300m 的近距离拍摄。其流程包括标记特征点、相机参数设置、获取照片数据、对齐照片、特征点匹配、输出结果。

一、野外数据采集

（一）相机设置

为了获取高质量的照片，应使用单反级相机，且需要设置适当的参数。本试验中采用变焦镜头为 18～200mm 的 Nikon D90 单反相机，拍照过程中保持 18mm 的焦距不变。相机其他参数设置为：使用 M 档（全手动曝光模式）；曝光时间为 1/60s（视天气能见度而定）；ISO 速度为 200；曝光补偿 0；测光模式为偏中心平均；无闪光灯模式；图像尺寸设置为最大，水平分辨率与垂直分辨率均设置为 300dpi。照片以 .jpeg 格式存储。

（二）标记设置与坐标测绘

为了后期能在 Agisoft PhotoScan 中获得具有独立坐标系的高精度 DEM，在拍照前需要在细沟区设置标记（marker）并精确测绘其坐标。在 Agisoft PhotoScan 的 Tools 菜单下，点击 Markers→Print Markers，分别设置打印参数：标记类型为 12 位，中心点半径为 10mm，每页打印 6 个标记，软件将打印出·pdf 格式的标记。标记的布设满足以下要求：在满足相片拍摄密度与消除地形盲区的基础上，标记的点数尽量最少。因此本次布设的标记原则是从沟头到沟口，沿沟沿线两边在地形起伏区域布置和细沟沟沿线弯曲转折处布置标记，共计 31 个。

将打印出的标记相对均匀地贴在细沟区，用免棱镜全站仪测绘每个标记中心点的坐标，并将标记的编号作为全站仪中记录点号。

（三）照片采集

在拍照时，要将标记一起拍下。为了取得可靠的结果，采用四种方式拍照，即沿着细沟从下至上、从上至下、顺时针、逆时针。从下（上）至上（下）拍照模式指从细沟的出（入）水口到入（出）水口，沿着沟沿线单侧，按照固定高度进行照片的采集，顺（逆）时针模式指从出（入）水口到入（出）水口再到出（入）水口，绕沟沿线一周进行拍照。拍照时，相邻两景照片之间的重复率保持在 60%～70% 以获得适当的照片对比度，拍照选择在阴天进行。

二、数据处理

采用图形工作站 Agisoft Photoscan 对室内照片进行数据处理，其特点是无须设置初始值，无须相机检校，根据最新的多视图三维重建技术，可对任意照片进行处理，且通过控制点可以生成真实坐标的三维模型。基于图形工作站在 Agisoft Photoscan 软件中，分别对四种拍照方式进行处理。通过 Workflow 菜单的 add photos 导入每种模式的所有照片，其次利用 Tool 菜单下的 Markers（Detect Markers）功能，自动检测照片中的标记。在 Reference 中的 Markers 窗口，输入检测到的每个标记的坐标 X（东坐标）、Y（北坐标）、Z（高程）。

对齐照片（Align Photos），其一般（General）参数设置为 Accuracy：High，Pair preselection：Disabled；高级（Advanced）参数 Key point limit 设置为 40000，Tie point limit 设置为 4000，且不勾选 Constrain features by mask 与 Adaptive camera model fitting。

建立密集点云（Build Dense Cloud），其一般参数 Quality 设置为 High；高级参数 Depth filtering 设置为 mild，且不勾选 Reuse depth maps。

建立格网（Build Mesh），其一般参数 Surface type 设置为 Height field，Source data 设置为 Dense cloud，Face count 设置为 Medium；高级参数 Interpolation 设置为默认 Enabled，Point classes 设置为 All。

建立 DEM（Build DEM），采用 Local Coordinates，以密集点云作为源数据，默认 Enalbed

为 Interpolation 参数；区域范围、分辨率与总尺寸采用自动计算的结果，不作调整。

　　DEM 与正射（Orthomosaic）图像输出。从 File 菜单下点击 Export DEM 并保持自动设置，另保存为 GeoTIFF Elevation Data 格式（即.tif 格式）。生成正射图像时，除了压缩（Compression）的 JPEG quality 设置更改为 100%外，其他设置默认。

　　生成的 DEM 将用于细沟形态参数提取及分析，见图 2-8 和图 2-9。

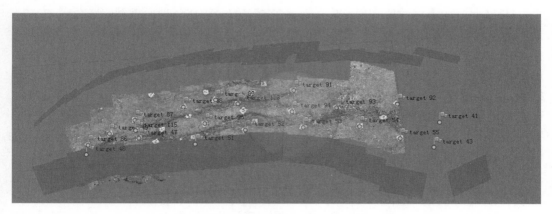

图 2-8　顺时针拍照模式下的细沟区三维地形重建

图 2-9　从上至下拍照模式下的细沟区三维地形重建

本 章 小 结

　　本章主要阐述细沟地形数据外业采集与预处理的流程与方法。在建立样区控制网的基础上，采用全站仪、近景摄影测量法和三维激光扫描仪对样区地形数据及细沟特征点数据进行采集，保证不同测绘探测方法所获得数据具有同样的坐标系，以便于后面研究地形数据的精度比较。通过对三维激光扫描数据进行抽稀处理分析，结果表明抽稀系数与点云最大点距之间具有对数关系，二者在变化趋势上同步。从扫描时设置的扫描步长来看，步长增加会导致点云数据量呈幂函数衰减，点云最大点距、点云平均点距呈幂函数增长。当扫描步长设置为 0.8cm 时，点云平均点距为 0.56cm，可以作为野外采样的参考步长，但是构建的 DEM 精度及对于提取的形态参数差异，在后面研究中进一步分析。

第三章　细沟 DEM 建立及形态参数提取

　　DEM 是一组有序数值阵列形式表示地面高程的一种实体地面模型（贾秋英，2017）。原始地形数据是建立数字高程模型的基础，其精度直接影响到建模的合理性以及高程内插结果的可靠性。常见原始地形数据获取方法包括地面测量、从已有地形图上数字化、InSAR（干涉雷达）测量技术、机载激光雷达（LiDAR）技术、立体遥感数据、数字摄影测量（王树根，2009；李志林和朱庆，2003；张祖勋和张剑清，1996）。地面测量和 InSAR 测量技术获取的地形数据精度高，相应的人力、财力或时间成本高，立体遥感数据的效率高，但是数据精度难以刻画微地形地貌。点云数据可以准确地反映测量区域的地形地貌特征，具有高精度、高密度、高效率、高覆盖率及高分辨率等特点（赖旭东，2010），其测量结果不易受植被的影响。基于遥感影像解译原理的近景摄影测量技术在获取高分辨率 DEM 上取得了新进展，且也被成功运用在土壤侵蚀研究领域（Wells et al.，2016；Berger et al.，2010），为细沟形态参数的获取提供了更精确、更有效的基础数据。细沟是一种微地形地貌类型，其形态参数的获取依赖于高精度 DEM 的建立。本章基于近景摄影测量法获得的 DEM 以及三维激光扫描点云数据建立的 DEM，结合 GIS 空间分析和 MATLAB 算法，研究细沟平面、横剖面以及纵剖面形态参数的获取技术方法，并以全站仪和自制测针板实测的精准数据为基准，评估 DEM 的精度以及形态提取技术的可靠性，以期为细沟形态参数的有效提取提供技术支撑。

第一节　DEM 的建立

　　DEM 数据模型主要有三种方式：等高线模型、不规则三角网和规则格网。不规则三角网和规则格网可以有效表达连续表面，通过 GIS 的三维分析功能得到区域的地形特征。规则格网模型空间操作简单，存储组织方便灵活，因此本次研究选择规则格网 DEM。规则格网 DEM 可以通过点的插值获取，主要包括距离倒数加权法、曲面局部多项式、最近邻点插值法、自然邻域插值法、样条函数法、克里金插值法等（尤号田等，2019；徐巍等，2012）。无论何种方法，采样点越多、分布越均匀、插值效果都会越好（汤国安和杨昕，2012）。本书采用 ArcGIS 的反距离插值法、局部多项式及径向基函数对三维激光点云数据建立 DEM。

　　反距离插值方法（inverse distance weighting，IDW）是一种基于几何模型逼近的插值方法，主要是基于反距离加权算法利用其邻域范围内所有离散点的值对待插值高程点进行插值。待插值点的高程值由其周围一定范围内所有点的高程值的加权值求得，权值由附近离散的点到待插值点之间的距离来确定（靳克强等，2010）。ArcGIS 中反距离权重插值法依赖于反距离的幂值和插值时每个像元值所使用的输入点数。根据前文分析，本次研究设置的搜索半径为 0.06m，幂值设置 2，格网大小为 2mm。局部多项式插值法（local polynomial interpolation，LPI）是一种局部加权最小二乘拟合法（Fan and Gijbels，2003）。该方法根据有限的采样数据，采用多个多项式来拟合表面，它引入了"距离权"的概念，对于未知样点的计算，考虑在局部范围内全部已知样点对其贡献，距未知样点近的点权重较大，反之较小。每一个未知样点的预测值都对应一个多项式，未知样点都处在特定重叠的邻近区域内，通过最小二乘法求解邻域内多项式组成的方程组来模拟表面（宋向阳和吴发启，2010）。径向基函数（radial basis function，RBF）在最小化表面的总曲率时，通过测得的样本值，适用于对大量实测点云数据进行插值，同时要求获得平滑表面的情况（杨秋丽等，2019）。

第二节　DEM 精度分析

DEM 精度决定了地形形态和结构模拟的精确性，影响数字地形分析结果的准确性。常用交叉验证方式对建立的DEM进行高程误差分析。交叉验证指使用所有的数据对 DEM进行估计，每次剔除一个数据位置，然后预测该位置的数据值，例如有 n 个采样点数据，交叉验证时剔除一个点 k (k_x, k_y, k_z)，用剩余的 $n-1$ 个点预测该位置的值，将剔除点位置的预测值与真实值进行比较，然后又对第二个点重复此过程，以此类推，直到所有的点完成验证。验证结果采用以下三类高程误差评价指标进行评估。

（1）平均误差（mean relative error，MRE），测量值与预测值之间的平均差值，其公式如下：

$$MRE = \frac{1}{n} \sum_{i=1}^{n} (R_h - Z_h) \tag{3-1}$$

（2）均方根误差（root mean square error，RMSE），指模型预测值与测量值的接近程度，其公式如下：

$$RMSE = \sqrt{\frac{\sum_{i=1}^{n} (R_h - Z_h)^2}{n}} \tag{3-2}$$

（3）绝对值平均误差（mean absolute error，MAE），测量值与预测值之间误差值的绝对值的平均值，其公式如下：

$$MAE = \frac{1}{n} \sum_{i=1}^{n} |R_h - Z_h| \tag{3-3}$$

式中，R_h 表示高程预测值；Z_h 表示高程测量值；n 为像元个数，这三类指标可以评估 DEM 的精度水平，其数值与 DEM 精度呈负相关关系，值越小，表示 DEM 精度越高（刘奕辉，2017）。三种插值方式的高程误差分析结果如表 3-1 所示，三种方法的指标值均很小，相比较而言，局部多项式插值法更适合于高精度 DEM 的建立。因此后文分析所用的 DEM 均采用局部多项式插值方法建立。

表 3-1　不同插值方法下高程误差统计表　　　　　（单位：mm）

插值方法精度指标	反距离权重插值法	局部多项式插值法	径向基函数插值法
平均误差（MRE）	0	0	0
绝对值平均误差（MAE）	4.35	3.91	5.1
均方根误差（RMSE）	6.01	5.56	7.93

第三节　近景摄影测量模式的高程差异

对野外不同拍照模式采集的数据在 Agisoft Photoscan 中进行处理，生成的 DEM 导入到 ArcGIS 软件中用相同的边界进行裁剪，比较不同模式下 DEM 的差异，此处以从下至上模式（图 3-1A）及顺时针模式（图 3-1B）加以对比。

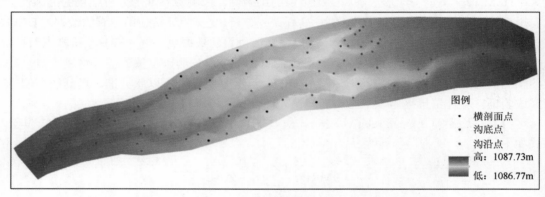

A. 从下至上模式

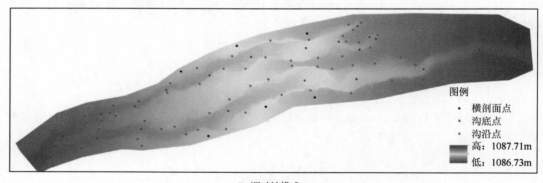

B. 顺时针模式

图 3-1　不同拍照模式生成的 DEM

一、总体评价

从图形上来看，两种拍照模式生成的 DEM 在形态上并无显著的区别；从横剖面点、沟底点、沟沿点三类测量碎部点在 DEM 上的分布来看，与 DEM 反映出的特征地形亦无显著差异。但是从对象的高程分布范围内看，两种模式具有一定的差异。从下至上模式高程的最小值为 1086.77m，最大值为 1087.73m；顺时针模式高程的最小值为 1086.73m，最大值为 1087.71m，两种模式下的高程极值差异在 0.02～0.04m。

二、空间差异

为了评价这两种模式下 DEM 高程差异的空间分布，对两种模式生成的 DEM 进行地图代数运算，计算其高程差绝对值。每一个栅格值反映了对应位置两种拍照模式的高程差异。图 3-2 表明，高程差值不超过 0.005m、0.005～0.01m 的区域占比均为 22.24%，约 80% 的区域高程之差不超过 0.02m，这表明近景摄影法生成的 DEM 具有可靠性。从图 3-3 可以看出，在细沟区坡度平缓的地方高程差异较小，而高程差异较大的区域主要位于沟

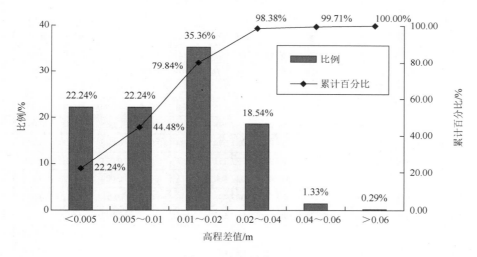

图 3-2　高程差值对比

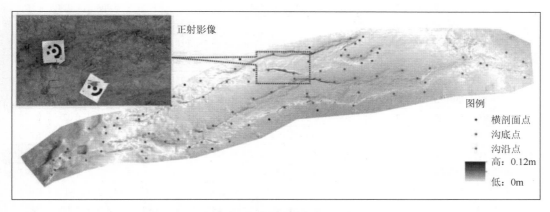

图 3-3　从下至上与顺时针两种拍照模式下高差空间分布

口区及细沟壁附近。经对生成的正射影像图进行检查，可知这两个区域在从下至上拍照模式下的数据不足，导致误差增加；尤其是在细沟的中部，因沟壁直立，从下至上拍照可能产生盲区（即正射影像椭圆内的虚化区）。因此针对地形相对复杂的细沟，宜选择顺时针或逆时针模式。

为了检验近景摄影测量法下顺时针模式建立的 DEM 精度，同样采用高程误差的三类精度指标进行评估。测量值选取全站仪实测的地形数据碎部点，借助 ArcGIS 中的"添加 z 信息"，获得该点位的 DEM 预测值（表 3-2），计算得到 MRE、MAE、RMSE 值分别为 0mm、0.6mm、1.5mm，结果表明近景摄影测量顺时针模式下可以获得高精度的 DEM。

表 3-2　不同数据采集方法的高程比较　　　　（单位：m）

序号	碎部点号	x	y	全站仪法（T）	近景摄影测量法（P）	三维激光扫描法（S）	$T-P$	$|T-P|$	$T-S$	$|T-S|$	$P-S$	$|P-S|$
1	R1S045	1004.662	1974.162	1086.825	1086.812	1086.793	0.013	0.013	0.032	0.032	0.019	0.019
2	R1S046	1005.043	1974.326	1086.880	1086.873	1086.857	0.007	0.007	0.023	0.023	0.016	0.016
3	R1S047	1005.658	1974.428	1087.013	1087.024	1087.009	−0.011	0.011	0.004	0.004	0.015	0.015
4	R1S048	1005.704	1974.350	1087.120	1087.028	1087.029	0.092	0.092	0.091	0.091	−0.001	0.001
5	R1S049	1006.317	1974.532	1087.103	1087.093	1087.099	0.010	0.010	0.004	0.004	−0.006	0.006
6	R1S050	1006.627	1974.541	1087.155	1087.152	1087.136	0.003	0.003	0.019	0.019	0.016	0.016
7	R1S051	1006.837	1974.729	1087.176	1087.185	1087.176	−0.009	0.009	−0.000	0.000	0.009	0.009
8	R1S052	1007.232	1974.928	1087.243	1087.246	1087.198	−0.003	0.003	0.045	0.045	0.048	0.048
9	R1S053	1007.548	1974.978	1087.292	1087.296	1087.244	−0.004	0.004	0.048	0.048	0.052	0.052
10	R1S054	1007.992	1974.948	1087.372	1087.370	1087.351	0.002	0.002	0.021	0.021	0.019	0.019
11	R1S055	1008.698	1975.264	1087.428	1087.443	1087.404	−0.015	0.015	0.024	0.024	0.039	0.039
12	R1S056	1008.776	1975.103	1087.486	1087.506	1087.498	−0.020	0.020	−0.012	0.012	0.008	0.008
13	R1S057	1009.195	1975.316	1087.535	1087.549	1087.523	−0.014	0.014	0.012	0.012	0.026	0.026
14	R1S058	1009.465	1975.411	1087.588	1087.584	1087.577	0.004	0.004	0.011	0.011	0.006	0.006
15	R1S059	1009.883	1975.274	1087.665	1087.696	1087.667	−0.031	0.031	−0.002	0.002	0.029	0.029
16	R1S077	1009.867	1975.453	1087.646	1087.656	1087.624	−0.010	0.010	0.022	0.022	0.032	0.032
17	R1S078	1009.680	1975.559	1087.643	1087.668	1087.640	−0.025	0.025	0.003	0.003	0.028	0.028
18	R1S079	1009.205	1975.504	1087.560	1087.581	1087.551	−0.021	0.021	0.009	0.009	0.030	0.030
19	R1S080	1008.836	1975.376	1087.485	1087.495	1087.481	−0.010	0.010	0.004	0.004	0.014	0.014
20	R1S081	1008.532	1975.351	1087.428	1087.452	1087.439	−0.024	0.024	−0.011	0.011	0.013	0.013
21	R1S082	1008.251	1975.283	1087.429	1087.454	1087.407	−0.025	0.025	0.022	0.022	0.047	0.047
22	R1S083	1008.010	1975.261	1087.376	1087.387	1087.374	−0.011	0.011	0.002	0.002	0.013	0.013
23	R1S084	1007.782	1975.219	1087.355	1087.354	1087.320	0.001	0.001	0.035	0.035	0.035	0.035
24	R1S085	1008.532	1975.351	1087.331	1087.345	1087.303	−0.014	0.014	0.028	0.028	0.042	0.042
25	R1S086	1007.623	1975.245	1087.313	1087.328	1087.321	−0.015	0.015	−0.008	0.007	0.007	0.007
26	R1S087	1007.342	1975.254	1087.284	1087.292	1087.279	−0.008	0.008	0.005	0.005	0.013	0.013
27	R1S088	1007.087	1975.100	1087.233	1087.241	1087.176	−0.008	0.008	0.057	0.057	0.065	0.065
28	R1S089	1006.890	1975.026	1087.199	1087.212	1087.184	−0.013	0.013	0.015	0.015	0.028	0.028
29	R1S090	1006.661	1974.875	1087.169	1087.173	1087.169	−0.004	0.004	0.000	0.000	0.004	0.004

序号	碎部点号	x	y	全站仪法（T）	近景摄影测量法（P）	三维激光扫描法（S）	$T-P$	$\|T-P\|$	$T-S$	$\|T-S\|$	$P-S$	$\|P-S\|$
30	R1S091	1006.443	1974.723	1087.128	1087.137	1087.129	−0.009	0.009	−0.001	0.001	0.008	0.008
31	R1S092	1006.061	1974.566	1087.076	1087.075	1087.073	0.001	0.001	0.003	0.003	0.002	0.002
32	R1S093	1005.917	1974.539	1087.032	1087.039	1087.031	−0.007	0.007	0.001	0.001	0.008	0.008
33	R1S094	1005.734	1974.632	1087.026	1087.049	1087.018	−0.023	0.023	0.008	0.008	0.030	0.030
34	R1S095	1005.232	1974.538	1086.918	1086.918	1086.918	−0.000	0.000	0.000	0.000	0.000	0.000
35	R1S096	1004.862	1974.355	1086.850	1086.853	1086.856	−0.003	0.003	−0.006	0.006	−0.003	0.003
36	R1S097	1004.755	1974.352	1086.824	1086.825	1086.832	−0.001	0.001	−0.008	0.008	−0.008	0.008
37	R1S128	1004.681	1974.327	1086.725	1086.772	1086.783	−0.047	0.047	−0.058	0.058	−0.011	0.011
38	R2S098	1004.816	1974.420	1086.843	1086.825	1086.845	0.018	0.018	−0.002	0.002	−0.019	0.019
39	R2S099	1005.261	1974.637	1086.914	1086.908	1086.911	0.006	0.006	0.003	0.003	−0.004	0.004
40	R2S100	1005.351	1974.725	1086.941	1086.931	1086.928	0.010	0.010	0.013	0.013	0.003	0.003
41	R2S101	1005.414	1974.692	1087.089	1086.961	1086.966	0.128	0.128	0.123	0.123	−0.005	0.005
42	R2S102	1005.981	1974.947	1087.061	1087.059	1087.052	0.002	0.002	0.009	0.009	0.006	0.006
43	R2S103	1006.335	1975.046	1087.124	1087.134	1087.111	−0.010	0.010	0.013	0.013	0.023	0.023
44	R2S104	1006.595	1975.219	1087.160	1087.162	1087.134	−0.002	0.002	0.026	0.026	0.029	0.029
45	R2S105	1006.835	1975.220	1087.178	1087.181	1087.173	−0.003	0.003	0.005	0.005	0.007	0.007
46	R2S106	1007.054	1975.350	1087.228	1087.239	1087.216	−0.011	0.011	0.012	0.012	0.024	0.024
47	R2S107	1007.331	1975.312	1087.275	1087.283	1087.258	−0.008	0.008	0.017	0.017	0.025	0.025
48	R2S108	1007.628	1975.343	1087.301	1087.319	1087.307	−0.018	0.018	−0.006	0.006	0.012	0.012
49	R2S109	1007.894	1975.363	1087.339	1087.358	1087.352	−0.019	0.019	−0.013	0.013	0.007	0.007
50	R2S110	1008.200	1975.460	1087.390	1087.406	1087.382	−0.016	0.016	0.008	0.008	0.025	0.025
51	R2S111	1008.281	1975.600	1087.388	1087.414	1087.402	−0.026	0.026	−0.014	0.014	0.012	0.012
52	R2S112	1008.192	1975.576	1087.394	1087.404	1087.385	−0.010	0.010	0.009	0.009	0.019	0.019
53	R2S113	1008.077	1975.515	1087.386	1087.401	1087.380	−0.015	0.015	0.006	0.006	0.022	0.022
54	R2S114	1007.937	1975.524	1087.345	1087.372	1087.358	−0.027	0.027	−0.013	0.013	0.014	0.014
55	R2S115	1007.9	1975.588	1087.331	1087.359	1087.300	−0.028	0.028	0.031	0.031	0.059	0.059
56	R2S116	1008.012	1975.656	1087.357	1087.384	1087.343	−0.027	0.027	0.014	0.014	0.041	0.041
57	R2S117	1008.099	1975.737	1087.372	1087.397	1087.380	−0.025	0.025	−0.008	0.008	0.017	0.017
58	R2S118	1007.960	1975.717	1087.361	1087.381	1087.334	−0.020	0.020	0.027	0.027	0.046	0.046
59	R2S119	1007.960	1975.717	1087.300	1087.315	1087.250	−0.015	0.015	0.050	0.050	0.065	0.065
60	R2S120	1007.108	1975.536	1087.228	1087.247	1087.183	−0.019	0.019	0.045	0.045	0.064	0.064
61	R2S121	1006.688	1975.362	1087.174	1087.182	1087.143	−0.008	0.008	0.031	0.031	0.039	0.039
62	R2S122	1006.305	1975.229	1087.120	1087.134	1087.131	−0.014	0.014	−0.011	0.011	0.002	0.002
63	R2S123	1006.012	1975.053	1087.071	1087.083	1087.062	−0.012	0.012	0.009	0.009	0.021	0.021
64	R2S124	1005.670	1974.852	1086.991	1086.999	1086.984	−0.008	0.008	0.007	0.007	0.015	0.015
65	R2S125	1005.388	1974.807	1086.946	1086.953	1086.949	−0.007	0.007	−0.003	0.003	0.004	0.004
66	R2S126	1005.077	1974.689	1086.898	1086.906	1086.883	−0.008	0.008	0.015	0.015	0.022	0.022
67	R2S127	1004.709	1974.526	1086.856	1086.859	1086.846	−0.003	0.003	0.010	0.010	0.013	0.013

第四节　多种测量方法的高程比较

对全站仪法、近景摄影测量法、三维激光扫描法这三种高程测量方式进行比较（表 3-2），三者之间高程差异可以反映不同测绘方法精度的差异。

一、全站仪法与近景摄影测量法

比较相同碎部点位全站仪法与近景摄影法测量的高程绝对误差（图 3-4），结果如图 3-5 所示，其值＜0.01m 的碎部点共 30 个，占总数的 44.78%；0.01～0.02m 的碎部点 22 个，占总数的 32.84%；0.02～0.03m 的点 11 个，占总数的 16.42%；大于 0.03m 的碎部点仅 4 个，占总数的 5.97%，对应的 4 个点分别是 R2S101（0.128m）、R1S048（0.092m）、R1S128（0.047m）、R1S059（0.031m）。其中，前 3 个点具有明显的异常性，而第 4 个点（R1S059）则较接近 0.03m，关于异常的原因将在后文中进行分析。67 个点高程差值的平均值为 0.016m，如果不考虑误差大于 0.03m 的 4 个点，则平均值为 0.012m，这显示二者具有极高的一致性，表明采用近景摄影法获取的数据精度具有较高的可靠性。由全站仪测量的碎部点中，仅 14 个点的高程值高于近景摄影法建立的 DEM 的高程，而其他 53 个点均小于近景摄影法获得的高程值。这是因为利用全站仪测量时，对中杆在自身重量的影响下会导致钻入表土层下 1cm 左右，从而使其高程值总体上偏小。

二、全站仪法与三维激光扫描法

比较全站仪测量碎部点与三维激光扫描法对应点的高程绝对误差（图 3-4），67 个点的高程差平均值为 0.018m，最大值出现在 R2S101 号碎部点（0.123m）。图 3-5 显示，高程差小于 0.01m 的点共 30 个，占总数的 44.78%；0.01～0.02m 的碎部点 17 个，占总数的 25.37%；0.02～0.03m 的碎部点 8 个，占总数的 11.94%；高程差在 0.03～0.04m、0.04～0.05m、大于 0.05m 的碎部点各 4 个，分别占总数的 5.97%。相比较而言，全站仪与近景摄影测量的高程差具有明显异常性的三个极值（"异常"）碎部点，也是全站仪与三维激光扫描仪测量高程差的三个极值点，若不考虑此三个极值点，则平均误差为 0.015m。总体上，高程差小于 0.02m 的碎部点占总数的 70.15%。

三、近景摄影测量法与三维激光扫描法

从近景摄影测量与三维激光扫描高程绝对误差来看（图 3-4），高程差值小于 0.01m 的点数为 21 个，占总数的 31.34%；高程差值介于 0.01～0.02m 的点数 18 个，占总数的 26.87%；高程差值介于 0.02～0.03m 的点数 12 个，占总数的 17.91%；高程差值在 0.03～0.04m、0.04～0.05m、大于 0.05m 范围的数量分别为 6 个、5 个、5 个，分别占总数的 8.96%、

7.46%、7.46%（图 3-5）。67 个高程点的高程差平均值为 0.021m，最大值为 0.065cm；其中 53 个点的高程差值不超过 0.03m。

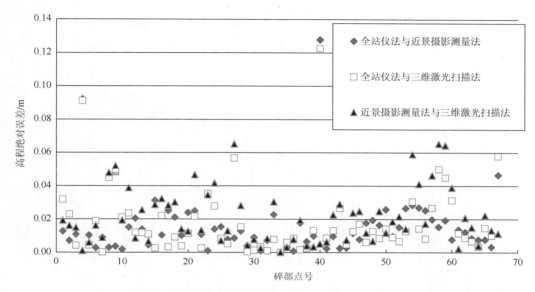

图 3-4　三种测量方法获取的沟沿线高程绝对误差对比

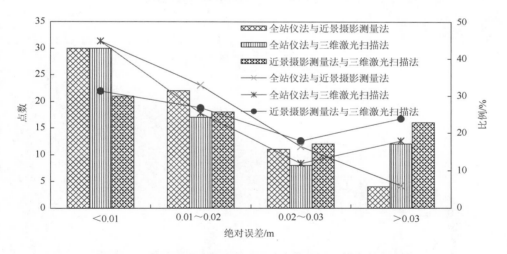

图 3-5　三种测量方法获取的沟沿线高程绝对误差分布对比图

四、总体评价

综合考虑三种测量方法所获得的高程值，全站仪法与近景摄影法测量高程差异较大的 3 个点，与全站仪和三维激光扫描测量高程差异较大的 3 个点完全一致（R1S048、R1S128 与 R2S101），而三维激光扫描与近景摄影测量中这三个点的高程却极为接近，高程差值极小，高程差值分别为 0.001m、0.011m、0.005m（表 3-2）。这表明全站仪测量的三个点应存在问题，其中 R1S048 碎部点在 DEM 图中的位置明显不在沟沿线位置，应为测量之错误（图 3-6）。在三种测量方式中，全站仪法可靠性较高，但是全站仪最适合点状与线状（规模较大者）对象测量，而对起伏的复杂面状对象往往耗时费力；三维激光扫描测量因扫描过程中存在植被与空气尘埃的干扰，加之后期抽稀及滤波处理，反而使得其可靠性难以评估，其误差反而较高；近景摄影测量获取的 DEM 高程值平均误差低于

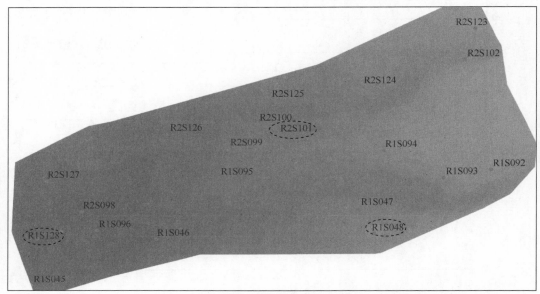

A. 近景摄影测量法建立DEM上的位置

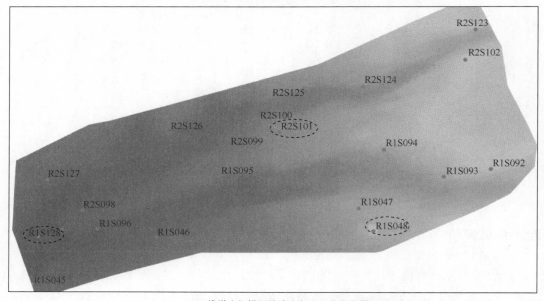

B. 三维激光扫描测量法建立DEM上的位置

图 3-6　沟沿线异常碎部点在 DEM 上的位置

三维激光扫描法。因此，相对于三维激光扫描而言，近景摄影测量法能建立更可靠、更适合于细沟特征的 DEM。

第五节　细沟形态参数

一、细沟形态参数的定义

细沟形态参数可以分为三个方面，即平面、横剖面与纵剖面，平面参数主要是描述和构建其空间框架的特征线参数，本次研究所涉及的是沟沿线及侵蚀面积。横剖面参数和纵剖面参数用以刻画细沟基本形态及表征细沟侵蚀发育阶段。笔者在对中国西南元谋干热河谷永久性冲沟的横断面研究中，提出了 26 个指标用以详尽地刻画横剖面形态学特征，并利用主成分分析（principal component analysis，PCA）法归纳成 4 个主成分。本书选取的反映细沟规模和侵蚀模式差异性的指标，包括横剖面的深度、宽度、宽深比、面积以及横剖面线的长度（Deng et al.，2015b）。纵剖面上则分析纵剖面线的长度以及侵蚀体积。图 3-7 为细沟形态参数示意图，l 为沟沿线，是细沟侵蚀过程中坡地区向侵蚀沟沟道区转变的区域，表现为局地微地形坡度从平缓变为陡峭，此线以上的区域以坡面侵蚀为主，此线以下的区域以沟道侵蚀为主，将所有沟沿点有序连线起来的曲线长度为沟沿线长度，沟沿点所围封闭区域的面积为细沟的侵蚀面积。l_1 为横剖面线，横剖面线的线长等于 AB、BC 曲线的长度，其中 A、C 为横剖面线上的沟沿点，B 为该横剖面线上的

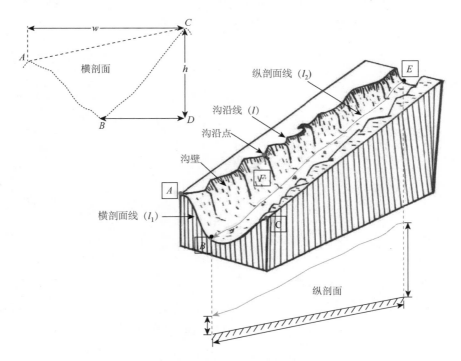

图 3-7　细沟形态参数示意图

最深沟底点；w 表示横剖面宽度，即沟沿点 A、C 之间水平距离；h 表示横剖面深度，沟沿点最高点与最深沟底点的垂直距离，即 B、C 之间的垂线 CD 长度；宽度 w 与深度 h 的比值即为宽深比；横剖面线组成的封闭区域面积即为横剖面面积，即图中 AC、CB 与 BA 三条线围成的区域面积。l_2 为纵剖面线，B、E 分别为沟口和沟头的横剖面沟底最深点，B、E 之间沿流水方向的最长曲线长度为纵剖面线长（Deng et al.，2015a）。沟沿线组成的侵蚀平面以及沟壁内侧之间的立方体区域为细沟侵蚀部分，其值为细沟侵蚀体积。

二、沟沿线制图及精度评价

（一）制图的基本方法

沟沿线制图主要有两种途径：一是在野外识别沟沿线，利用全站仪测出特征点，基于一定的模型通过计算机绘制图形，其精度有赖于野外对沟沿线特征点识别的准确性及碎部点测绘的精确性；二是从 DEM 提取沟沿线，其精度主要依赖于 DEM 的精度。本书基于 DEM 提取沟沿线，以近景摄影测量顺时针拍照模式生成的分辨率为 2mm 的 DEM 为例进行说明：在 ArcMap 中用细沟区边界裁剪 DEM，从而获得样区的 DEM 数据；利用 Toolbox 中 Spatial Analyst Tools 下的 Surface 分析工具进行坡度分析，生成坡度图。选取沟壁直立的部分，提取相同位置的地形剖面线、坡度角剖面线，结果如图 3-8 所示。从地形剖面线可以看出沟缘所在的位置，对应的坡度角范围在 35°～60°区间内变化。在此范围内取不同的坡度角值，提取的沟沿线在水平方向上相距 5mm 左右，据此本书以 40° 作为提取细沟沟沿线的坡度角阈值。

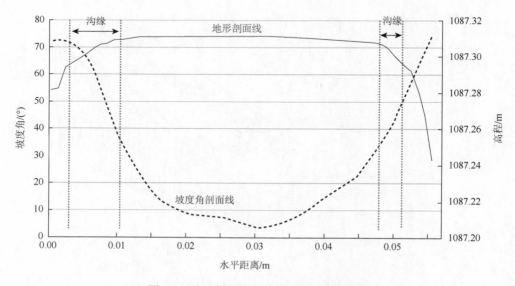

图 3-8　地形剖面线及其相应的坡度角变化

从图 3-9 中可以看到清晰的沟沿线轮廓，在 ArcGIS 中用 Contour 工具提取坡度角 40°

的等值线，经试验，提取的结果不止一条，可以在等值线属性表中计算线段长度，然后剔除极小的线段。以最长的等值线为基础，对不连续或无值的区域通过目视判别后，进行连接、辅助画线得到完整的沟沿线（图3-9）。

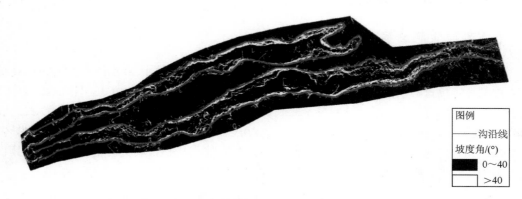

图 3-9　细沟区的坡度角级图及提取沟沿线位置

（二）精度评价

为了评估从 DEM 提取的沟沿线的准确性，计算全站仪测量的沟沿线点（剔除三个由于测量误差产生的碎部点）到以近景摄影测量法建立的 DEM 中提取的沟沿线距离。结果表明，最大距离为 2.7cm，平均距离为 0.9cm。从图 3-10 可知，距离小于 0.5cm 的点数为22 个，占总数（64 个）的 34.38%；距离在 0.5～1.0cm 的点数为 12 个，占总数的 18.75%；距离在 1.0～1.5cm 的点数为 15 个，占总数的 23.44%；距离在 1.5～2.0cm、2.0～2.5cm 的点数分别为 8 个和 6 个，分别占 12.5% 和 9.38%；点距大于 2.5cm 的点仅 1 个，占 1.56%。考虑到沟沿线在实地并不单纯地表现为一条线，而是一个较窄的带，加之全站仪测量的

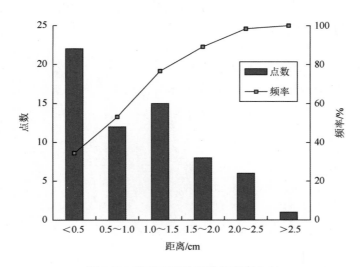

图 3-10　特征点到沟沿线的距离分布

误差，提取的沟沿线平均差距 0.9cm 完全可以满足研究的需要。而且如果 DEM 的精度足够高，则对计算机软硬件支撑的要求更高，处理的效率要极大地降低。

三、横剖面绘制及精度评价

（一）横剖面绘制及参数

为了比较不同测绘方式所获得横剖面形态参数的精确性，基于 ArcGIS 的 3D Analyst 功能，绘制特定位置的横剖面曲线。特定断面位置的确定方式：利用 ArcGIS "添加 xy 数据"将测针板位置坐标导入，捕捉该点要素绘制直线，利用 "插值 shape" 将其转为 3D 线。以 DEM 为基础，选择 3D 线，然后用 Profile graph 可以得到特定位置的细沟横剖面曲线图，生成的断面图导出为.xls 文件，其中横剖面长度通过将横断面图.xls 转为点再构线后获取其长度。宽度、深度、横剖面面积及宽深比采用 MATLAB 的程序计算得到，代码如下：

```
%%%%%%%%%This program can be used to read the profile data with .xls
%%%%%%%%%format,and output the parameters of the profile:width, depth,
%%%%%%%%%area,ratio of width to depth(Rwd)
clear all;
tic
shuchumulu=['E:\ txt\GCS.txt'];%%统计计算输出结果
fid=fopen(shuchumulu,'w');
fprintf(fid,'FID Width Depth Area Rw/d');
fprintf(fid,'\r\n');
for k=0:5:500
data=xlsread(strcat('E:\txt\profile',num2str(k),'.xls'));
x=data(:,2);
h=data(:,3);
width=max(x)-min(x);%%%沟的宽度
depth=max(h(1),h(length(h)))-min(h);%%沟的深度
Tarea=(h(1)+h(length(h)))*width/2;
minx=x(find(h==min(h)));
Rwd=width/depth;
for i=1:(length(x)-1)
temp(i)=(h(i)+h(i+1))*(x(i+1)-x(i))/2;
end
area=Tarea-sum(temp);%%横剖面面积

fprintf(fid,num2str(k));
```

```
fprintf(fid,'%1.2f%1.2f%1.2f%1.2f ',width,depth,area,Rwd);
fprintf(fid,'\r\n');
clear data x h temp
end
fclose(fid);
toc
```

（二）精度评价

以全站仪和测针板实测数据为基准评估上述横剖面的绘制方法精度。从图 3-11 可知，用全站仪、测针板以及近景摄影测量提取的横剖面中，测针板法与近景摄影法绘制的横剖面形态非常接近，但全站仪法直接测量的横剖面形状差异较大。细沟的规模较小，其横剖面宽度与深度一般都不超过 30～40cm，用全站仪难以测得较多的横剖面特征点，且测量的碎部点误差一般都在 2cm 左右，加之碎部测量手持中杆时圆水准泡难以绝对居中，导致测量的坐标点误差增大。另外，对中杆在重力作用下往往会进入土体 1～2cm，因而用全站仪难以精确测绘细沟横剖面的形状。

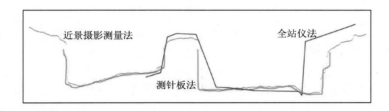

图 3-11　三种方法绘制的细沟横剖面图形比较

考虑到测针板测量时能在现场直观反映横剖面的形状，且测针（细木柱）截面为边长 5mm 的正方形，使得测得的横剖面具有较高的精度，因而是测绘横剖面的简易可靠方法。但是当细沟的规模较大时，测针板在尺寸上可能无法满足。对比图 3-11 测针板测定的横剖面线与近景摄影测量提取的横剖面线基本上重合，这表明两种方法具有高度可靠性。测针板测定的横剖面位置是固定的，但从近景摄影测量建立的 DEM 中可以提取任意位置的横剖面，且提取的横剖面形态参数值最大相对误差不超过 4.5%（表 3-3），因而近景摄影测量法建立的 DEM 可成为横剖面绘图的基本方法之一，且提取的形态参数值精确可靠。横剖面的编号如图 3-12 所示。

表 3-3　DEM 与测针板提取的横剖面参数值比较

编号	DEM				测针板				相对误差/%			
	宽度/cm	深度/cm	面积/cm²	长度/cm	宽度/cm	深度/cm	面积/cm²	长度/cm	宽度	深度	面积	长度
1	22.7	8.3	95	30.6	21.6	8.5	92.13	29.53	3.70	2.41	3.02	3.50
2	21.8	7.9	96	30.5	20.98	8.18	92.4	29.5	3.76	3.54	3.75	3.28

续表

编号	DEM				测针板				相对误差/%			
	宽度/cm	深度/cm	面积/cm²	长度/cm	宽度/cm	深度/cm	面积/cm²	长度/cm	宽度	深度	面积	长度
3	35.3	9.8	174	46.1	34.61	9.53	171.54	47.2	1.95	2.76	1.41	2.39
4	35.1	10.4	179	45.5	33.65	10.2	172.07	43.8	4.13	1.92	3.87	3.74
5	22.6	10.2	167	37	21.8	9.92	162.26	35.4	3.54	2.75	2.84	4.32
6	31.7	11.9	292	51.3	30.97	11.51	273.43	53.59	2.30	3.28	6.36	4.46

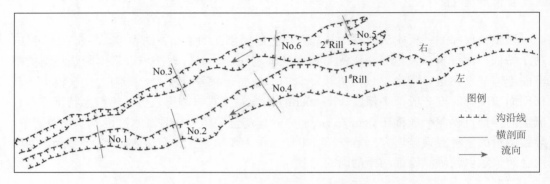

图 3-12　横剖面编号示意图

四、纵剖面提取及精度评价

　　纵剖面线提取方法与横剖面提取方式相同,采用 ArcGIS 的 3D 分析功能,从沟口到沟尾,沿流水方法绘制 3D 线,继而生成剖面线。为了评估此方法提取的精确性,将全站仪测量的沟沿点导入 ArcGIS,有序地连接成一条纵剖面线,将该线与近景摄影测量法获取的细沟沟底纵剖面线相交组成碎区,用碎区面积除以全站仪测定的纵剖面首尾两点间的长度,其结果大体相当于纵剖面的平均高度或相对高度。由于全站仪所测的纵剖面线位置是固定的,因此两条纵剖面线所围成碎区面积取决于从 DEM 提取纵剖面线的位置,平均高差越小,表明二者提取的纵剖面线误差越小。通过计算得到平均高差为 0.468cm,排除全站仪的自身的测量误差,该方法提取的纵剖面线具有高度可靠性。

本 章 小 结

　　本章研究内容包括以下四个方面:①采用不同插值方法建立细沟区 DEM,并对不同插值结果进行精度检验,局部多项式插值方法获得的 DEM 精度最高。②分析近景摄影测量法不同测量模式下的高程误差,结果表明在地形复杂区域采集细沟地形数据时,宜采用顺时针模式拍照,即从出水口到入水口再到出水口,以避免数据采集盲区,同时采用全站仪实测点高程验证近景摄影测量获得 DEM 精度,三类高程误差指标均很小,表明近景摄影测量能够获得高精度的细沟 DEM。③对比分析近景摄影测量法、全站仪法、三维激光扫描仪法获取的高程值，采用全站仪测量时高程偏小，近景摄影测量法所测高程值具有可靠性。④评估各形态参数提取方法的精确性。以 40°坡度角作为沟沿线提取阈值，从近景摄影测量法建立的 DEM 提取的沟沿线与全站仪测量的沟沿线平均相差 0.9cm；以测针板测量的横剖面形态参数为基准，评估从 DEM 提取的横剖面形态参数精确性，各参数相对误差最大不超过 4.5%；采用平均高差评估纵剖面线精度，结果表明从高精度 DEM 上提取的细沟形态参数值真实可靠，后文将按照此方法提取不同 DEM 分辨率下沟沿线以及横（纵）剖面参数。

第四章 沟沿线与侵蚀面积

第一节 沟沿线长度误差评价

一、不同拟合方法的沟沿线长度

对全站仪测量生成的沟沿线特征点，在南方 CASS 7.1 软件中，首先用线段进行连接（生成沟沿线折线图），然后分别用圆弧法、样条法进行光滑拟合（图 4-1）。从拟合的结果来看，对全站仪测量结果通过三种制图方法得到的沟沿线具有差异，与近景摄影测量法提取的沟沿线差异更大；在不同点距区，差异性亦不一致。从图 4-1 中还可以观察到，全站仪测量点分布较稀少，尤其是在沟沿线弯曲的地方，二者之间的不一致非常明显，误差较大，1 号沟左支沟沟沿线（S1）左下部分其差异太大，与近景摄影测量法提取的沟沿线相比该段不可靠。

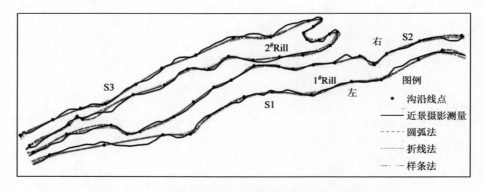

图 4-1 三种拟合方法与近景摄影测量结果的比较

对比不同拟合方法生成的沟沿线长度（表 4-1），1 号沟左支沟沟沿线（S1）其折线长度为 512.7cm，圆弧拟合后的长度为 513.8cm，样条拟合后的长度为 508.0cm，与近景摄影法提取沟沿线长度的相对误差分别为 35.04%、34.90%和 35.63%；1 号沟右支沟沟沿线（S2）三种制图方法的相对误差分别为 28.92%、28.47%、29.92%；2 号沟沟沿线（S3）三种制图方法的相对误差分别为 25.25%、24.39%和 27.18%。近景摄影测量法提取的沟沿线长度大于全站仪法测量的沟沿线长度，这是因为近景摄影测量法的沟沿线更逼近实地弯曲特征，而全站仪法则因测量步长相对较大，忽略了沟沿线诸多曲折之处，因此长度相对变短。从沟沿线长度的误差来判断，全站仪测量的沟沿点生成的沟沿线三种制图方法中，圆弧法的相对误差最小。

表 4-1　不同拟合方法的沟沿线长度及相对误差

方法		1号沟左支沟		1号沟右支沟		2号沟	
		长度/cm	相对误差/%	长度/cm	相对误差/%	长度/cm	相对误差/%
全站仪	折线法	512.7	35.04	527.5	28.92	821.7	25.25
	圆弧法	513.8	34.90	530.8	28.47	831.1	24.39
	样条法	508.0	35.63	520.1	29.92	800.4	27.18
近景摄影测量		789.2	—	742.1	—	1099.2	—

二、不同分辨率下的沟沿线长度

（一）近景摄影测量法

以近景摄影测量法生成的分辨率为 2mm 的 DEM 为基础，重采样分别生成表 4-2 所列分辨率的 DEM，在此基础上按照坡度角为 40°的阈值提取沟沿线，并评估其精度。

1 号沟因其沟沿线较为平缓，无明显的转折点，为了降低结果的不确定性，故仅对沟头以下部分进行分析。与流水的方向一致，将沟沿线分为左右两部分（图 4-1）。根据分辨率为 2mm 的 DEM 提取沟沿线，1 号沟左支沟的长度为 7.89m，1 号沟右支沟的长度为 7.42m，2 号沟长度为 10.99m，以此为基准，对比较低分辨率的沟沿线相对误差（表 4-2）（绝对误差为参考值与基准值差值的绝对值，相对误差为绝对误差与基准值的比值，以百分数表示，本书所涉及的绝对误差及相对误差均按照此种方式计算）。

表 4-2　近景摄影测量法不同 DEM 分辨率细沟沟沿线长度及相对误差

DEM 分辨率/mm	沟沿线长度/m				相对误差/%			
	2号沟	1号沟右支沟	1号沟左支沟	总长	2号沟	1号沟右支沟	1号沟左支沟	总长
2	10.99	7.42	7.89	26.30	0	0	0	0
3	10.61	7.35	7.49	25.45	3.46	0.9	5.21	3.26
4	10.62	6.92	7.25	24.79	3.42	6.75	8.25	5.81
5	10.4	6.36	6.76	23.52	5.38	14.29	14.37	10.59
6	10.23	6.19	6.65	23.07	6.95	16.52	15.78	12.3
7	9.91	5.94	6.33	22.18	9.87	19.96	19.8	15.7
8	9.29	5.72	6.14	21.15	15.51	22.91	22.23	19.61
9	9.26	5.6	5.95	20.81	15.72	24.45	24.67	20.87
10	8.82	5.39	5.61	19.82	19.73	27.3	29	24.65
11	8.8	5.47	5.48	19.75	19.95	26.24	30.55	24.91
12	8.67	5.25	5.36	19.28	21.1	29.16	32.13	26.68
13	8.59	5.28	5.37	19.24	21.89	28.86	32.03	26.9

续表

DEM 分辨率/mm	沟沿线长度/m				相对误差/%			
	2 号沟	1 号沟右支沟	1 号沟左支沟	总长	2 号沟	1 号沟右支沟	1 号沟左支沟	总长
14	8.75	5.26	5.32	19.33	20.43	29.13	32.66	26.56
15	8.35	5.2	5.22	18.77	24.07	29.89	33.85	28.65
16	8.37	5.15	5.1	18.62	23.83	30.59	35.44	29.22
17	8.5	5.29	5.18	18.97	22.71	28.67	34.39	27.9
18	8.39	5.25	5.17	18.81	23.66	29.19	34.57	28.49
19	8.57	5.28	5.12	18.97	22.03	28.84	35.17	27.9
20	8.49	5.19	5.07	18.75	22.75	30.01	35.8	28.71
25	8.2	5.23	5.02	18.45	25.43	29.47	36.5	29.89
30	8.09	5.13	4.95	18.17	26.38	30.88	37.39	30.95
35	8.21	5.13	4.94	18.28	25.29	30.88	37.47	30.53
40	8.12	5.12	4.93	18.17	26.1	31.01	37.58	30.93
45	7.71	5.11	4.92	17.74	29.84	31.1	37.71	32.56
50	7.87	5.13	4.93	17.93	28.35	30.89	37.63	31.85
55	7.75	5.06	4.96	17.77	29.45	31.72	37.2	32.41
60	7.73	5.06	4.97	17.76	29.63	31.74	37.12	32.47
65	7.79	5.01	4.88	17.68	29.09	32.39	38.23	32.76
70	8.14	5.06	4.99	18.19	25.93	31.82	36.78	30.85
75	8.14	5.02	4.95	18.11	25.91	32.34	37.35	31.16
80	8.12	5.05	4.91	18.08	26.09	31.9	37.84	31.26

从沟沿线长度与 DEM 分辨率的关系来看（图 4-2），二者之间具有较好的幂律关系：1 号沟右支沟、1 号沟左支沟、2 号沟的 R^2 分别为 0.7550、0.8187、0.8573；沟沿线总长度与 DEM 分辨率之间的幂函数关系表示为

$$y = 26.556x^{-0.104} \tag{4-1}$$

其 R^2 为 0.8336，表明二者具有较显著的相关性。无论单支、整条或总体沟沿线长与 DEM 分辨率拟合的幂函数指数均在−0.1 左右，表明随着 DEM 分辨率的降低，沟沿线长度呈降低的趋势。从总长度来看，当 DEM 分辨率小于 10mm 时，沟沿线长度的绝对误差小于 6m；当 DEM 分辨率大于 10mm 时，绝对误差均在 6m 以上。从曲线的变化速率上看，当 DEM 分辨率较小时，沟沿线长度变化较快；当 DEM 分辨率较大时，从 10～20mm 开始，沟沿线长度降低的速度较缓。

与全站仪测量后用圆弧拟合沟沿线的结果对比，结果表明：对于 1 号沟右支的长度，全站仪法测量的结果（5.308m）落在近景摄影测量法生成的 DEM 分辨率为 13～19mm 的值域（平均为 5.25m）中；对于 1 号沟左支沟，全站仪法测量的结果（5.138m）与近景摄影测量生成 DEM 分辨率为 15mm 或 16mm 的结果（平均 5.16m）极为接近；对于 2 号沟沟沿线的长度，全站仪测量的结果为 8.311m，与 DEM 分辨率为 15mm 的结果（8.35m）

接近。总体上，全站仪测绘的沟沿线总长度（18.757m），与 DEM 分辨率为 15mm 的结果（18.77m）非常接近，二者相差仅约 1.5cm。

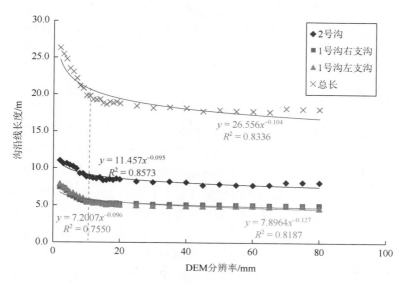

图 4-2 DEM 分辨率对沟沿线长度的影响

从沟沿线长度的相对误差来看（图 4-3），当 DEM 分辨率不超过 7mm 时，2 号沟其长度的相对误差保持不超过 10%；当 DEM 分辨率为 11mm 时，其相对误差低于 20%。当 DEM 分辨率小于 5mm 时，1 号沟左右两侧的沟沿线长度，相对误差小于 10%；当 DEM 分辨率低于 8mm 时，相对误差不超过 20%。总体上来看，当 DEM 分辨率为 5mm 时，其总长度相对误差在 10%左右。

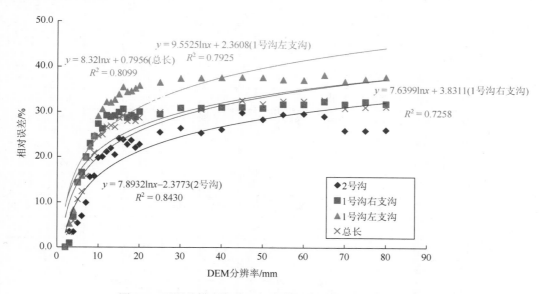

图 4-3 不同分辨率条件下细沟沟沿线长度的相对误差分布

从相对误差随分辨率大小变化规律来看，二者之间的关系可以用对数函数来表述（图 4-3）。$\ln x$ 的系数均为正值，表明在研究的分辨率范围内相对误差随着 DEM 分辨率的降低而变大。当 DEM 分辨率较高时，相对误差变化极为迅速；而当 DEM 分辨率降低时，相对误差的变化速率则降低了。图 4-3 还表明，相对误差变速拐点阈值的区间在 10～20mm 内。

（二）三维激光扫描法

由于三维激光扫描仪的单站数据无法覆盖完整的沟沿线区域，故此次使用三站扫描后拼接的数据进行分析。在实验过程中，考虑到 1mm、2mm 分辨率的数据量太大而一般办公电脑难以处理，而 DEM 分辨率大于 55mm 的数据结果差异太大而没有较大价值，故此处仅选用 DEM 分辨率为 3～55mm 的数据（表 4-3）。以 3mm 分辨率的 DEM 为基础，提取的 2 号沟、1 号沟右支沟、1 号沟左支沟沟沿线长度分别为 11.44m、6.99m、6.93m，以 55mm 分辨率的 DEM 为基础，提取的 2 号沟、1 号沟右支沟、1 号沟左支沟沟沿线长度分别为 7.74m、4.99m 和 5.12m，与近影摄影测量的结果一致，随着 DEM 分辨率的降低，沟沿线长度呈降低的趋势。对 2 号沟，当其 DEM 分辨率不超过 7mm 时，其沟沿线的绝对误差不超过 2m；当 DEM 分辨率超过 12mm 时，其绝对误差基本在 3m 以上。对 1 号沟的左、右支沟，当 DEM 分辨率小于 8mm 时，沟沿线的绝对误差不超过 1m；当 DEM 分辨率大于 40mm 时，仅右支沟沟沿线的绝对误差大于 2m。

表 4-3　三维激光扫描不同 DEM 分辨率细沟沟沿线长度误差

分辨率/mm	长度/m				绝对误差/m				相对误差/%			
	2 号沟	1 号沟右支沟	1 号沟左支沟	总长	2 号沟	1 号沟右支沟	1 号沟左支沟	总长	2 号沟	1 号沟右支沟	1 号沟左支沟	总长
3	11.44	6.99	6.93	25.36	0	0	0	0	0	0	0	0
4	10.42	6.84	6.38	23.64	1.02	0.16	0.55	1.72	8.9	2.3	7.9	6.8
5	10.15	6.33	6.00	22.48	1.29	0.67	0.93	2.89	11.3	9.6	13.4	11.4
6	9.92	6.81	6.46	23.19	1.52	0.19	0.47	2.17	13.3	2.7	6.8	8.6
7	9.47	6.26	6.33	22.06	1.97	0.73	0.6	3.3	17.2	10.5	8.7	13
8	9.00	5.94	5.71	20.65	2.45	1.05	1.22	4.72	21.4	15.1	17.6	18.6
9	9.04	5.59	5.89	20.52	2.4	1.41	1.04	4.84	21	20.1	15	19.1
10	8.63	5.37	5.74	19.74	2.81	1.63	1.19	5.63	24.6	23.3	17.1	22.2
11	8.65	5.50	5.58	19.73	2.79	1.5	1.35	5.64	24.4	21.4	19.4	22.2
12	8.35	5.33	5.76	19.44	3.09	1.66	1.17	5.92	27	23.7	16.9	23.4
13	8.93	5.43	5.58	19.93	2.51	1.57	1.35	5.43	21.9	22.4	19.5	21.4
14	8.37	5.18	5.39	18.93	3.08	1.82	1.54	6.43	26.9	26	22.2	25.4
15	8.33	5.21	5.41	18.95	3.11	1.79	1.52	6.42	27.2	25.6	21.9	25.3

续表

分辨率/mm	长度/m				绝对误差/m				相对误差/%			
	2 号沟	1 号沟右支沟	1 号沟左支沟	总长	2 号沟	1 号沟右支沟	1 号沟左支沟	总长	2 号沟	1 号沟右支沟	1 号沟左支沟	总长
16	8.21	5.12	5.23	18.56	3.23	1.88	1.7	6.8	28.3	26.8	24.5	26.8
17	8.21	5.13	5.28	18.62	3.23	1.87	1.65	6.75	28.2	26.7	23.8	26.6
18	8.24	5.12	5.56	18.92	3.2	1.88	1.37	6.45	27.9	26.9	19.8	25.4
19	8.50	5.18	5.62	19.30	2.95	1.81	1.31	6.07	25.8	25.9	18.9	23.9
20	8.35	5.09	5.43	18.86	3.1	1.91	1.51	6.51	27.1	27.2	21.7	25.6
25	8.30	5.11	5.34	18.75	3.14	1.89	1.59	6.61	27.4	27	22.9	26.1
30	8.27	5.02	5.28	18.57	3.17	1.98	1.65	6.8	27.7	28.3	23.8	26.8
35	8.18	5.01	5.23	18.42	3.26	1.99	1.7	6.95	28.5	28.4	24.5	27.4
40	8.40	4.99	5.22	18.61	3.05	2.01	1.71	6.76	26.6	28.7	24.7	26.7
45	8.33	4.94	5.11	18.38	3.12	2.05	1.82	6.99	27.2	29.3	26.3	27.6
50	7.80	4.94	5.15	17.89	3.64	2.05	1.79	7.48	31.8	29.3	25.8	29.5
55	7.74	4.99	5.12	17.84	3.7	2.01	1.82	7.52	32.3	28.7	26.2	9.7

与近景摄影测量的结果一致，随着 DEM 分辨率的降低，沟沿线长度呈降低的趋势（表 4-3）。沟沿线长度的绝对误差随 DEM 分辨率大小的变化虽然不具有单调性，但是仍可以用对数函数进行拟合（图 4-4），拟合结果 R^2 值较高；拟合结果显示 $\ln(x)$ 的系数均为正值，这表明随着 DEM 分辨率的降低，沟沿线长度的绝对误差是升高的。

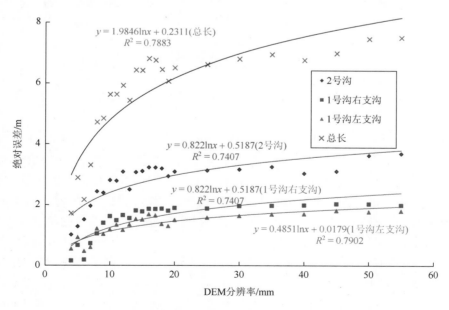

图 4-4 三维激光扫描条件下的沟沿线长度绝对误差

当 DEM 分辨率在 5~6mm 时，沟沿线长度的相对误差在 10%左右；当 DEM 分辨率达到 9mm 以上时，相对误差开始超过 20%（表 4-3）。从图 4-5 可知，随着 DEM 分辨率的降低，相对误差也随之增加，其关系仍可用对数函数进行拟合，且大部分 R^2 值较高，大多在 0.8 或 0.9 以上。以 DEM 分辨率 20mm 为界，当 DEM 分辨率小于 20mm 时，DEM 分辨率与相对误差的对数关系非常显著，且 $\ln x$ 的系数均在 0.1 以上，分别为 0.1366、0.1619、0.1076；当 DEM 分辨率在 20mm 以上时，显著性总体上降低，而 $\ln(x)$ 的系数则都在 0.05 以下，分别为 0.0422、0.0216、0.0454，前后两段的系数相差了 2.37~7.49 倍。这表明，随着 DEM 分辨率的降低，相对误差的增速是显著降低的。图 4-5 亦进一步表明，当 DEM 分辨率为 5mm 左右时，沟沿线长度相对误差保持在 10% 左右。

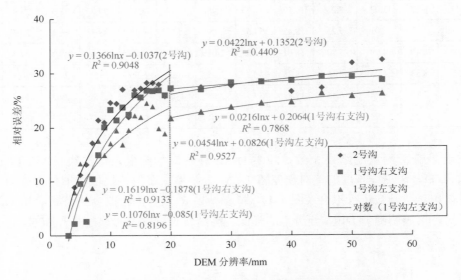

图 4-5　三站拼接的三维激光扫描条件下的沟沿线长度相对误差

（三）总体评价

不同数据源以及不同分辨率细沟沟沿线长度均不一致（表 4-2、表 4-3）。在相同分辨率条件下，以近景摄影法提取的沟沿线为参考，三维激光扫描法获得的沟沿线长度与其绝对误差大多不超过 0.5m（图 4-6）；1 号沟右支沟沿线长度的变化特征与另 2 条不一致，当分辨率较高时，1 号沟右支沟的沿线长度相对较长，但随着分辨率的降低，其长度相对缩短。总体上，当分辨率较高（不超过 5mm）时，二者的绝对误差较大，且总体上表现为近景摄影法的值更高，高出三维激光扫描法 0.5m 以上；但随着分辨率的降低，二者的绝对误差降低，基本上保持在 0.5m 以内。以两种方法得到的沟沿线长度平均值为参考，相对误差基本上不超过 10%，且绝大多数保持在 5%以内（图 4-7）。DEM 的分辨率从 8~10mm 开始，二者的差值更趋于相对平稳，因此可将 10mm 作为提取细沟沟沿线的最佳 DEM 分辨率。

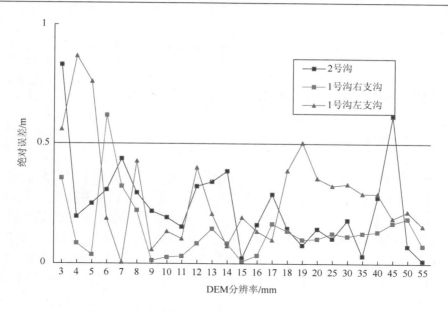

图 4-6　沟沿线长度绝对误差随 DEM 分辨率的变化

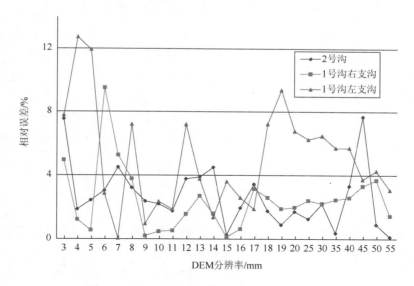

图 4-7　沟沿线长度相对误差随 DEM 分辨率的变化

　　以上分析说明，沟沿线的长度并不总是一个定值，而是受 DEM 分辨率的影响，这表明研究细沟的沟沿线时，必须关注 DEM 的尺度性。在本研究中，沟沿线长度随 DEM 分辨率的非线性变化特征，揭示了细沟区（尤其是沟沿线区）地表粗糙程度空间分布的复杂性；另外，多站扫描数据在毫米级上的非无缝拼接，也导致了生成的 DEM 表面的糙度增加及"破碎化"，其影响机制及效应是未来有待深入研究的重要方向。

第二节　细沟侵蚀面积误差评价

一、不同拟合方法的细沟侵蚀面积

（一）细沟侵蚀面积的误差

依据近景摄影测量法分辨率为 1mm 的 DEM 数据计算获得的 1 号、2 号细沟侵蚀面积分别为 9549.80cm^2、6174.70cm^2，近景摄影测量法计算的 1 号沟侵蚀面积小于全站仪测量的侵蚀面积，而近景摄影测量法计算的 2 号沟侵蚀面积则大于全站仪测量的侵蚀面积（表 4-4）。通过沟沿线点的三种制图（折线法、圆弧法、样条法）方法，获得的 1 号沟侵蚀面积误差均较小，不超过 7%；而获得的 2 号沟侵蚀面积相对误差较大，相对而言，圆弧法的相对误差较小（7.75%）。这表明从侵蚀面积来看，圆弧法更适合于全站仪测量的细沟平面制图。

表 4-4　不同拟合方法的细沟侵蚀面积及相对误差

方法		1 号沟		2 号沟	
		侵蚀面积/cm^2	相对误差/%	侵蚀面积/cm^2	相对误差/%
全站仪	折线法	10198.19	6.79	5551.35	10.10
	圆弧法	10207.26	6.88	5696.11	7.75
	样条法	10167.96	6.47	5499.95	10.93
近景摄影测量		9549.80	—	6174.70	—

（二）碎区评价

全站仪测量沟沿线点的三种制图方法与近景摄影法相交，由于线线不重合会生成碎区，碎区的大小可以在一定程度上反映制图的精度与可靠性。圆弧法、折线法、样条法与近景摄影法相交生成的碎区面积最大值分别为 245.53cm^2、293.17cm^2、381.44cm^2，以样条法最大；总面积分别为 2874.13cm^2、3095.44cm^2、3108.34cm^2，以圆弧法最小，折线法次之（表 4-5）。

表 4-5　不同拟合方法生成的碎区特征

方法	数量	面积最小值/cm^2	面积最大值/cm^2	总面积/cm^2	平均值/cm^2
全站仪圆弧法-近景摄影	69	0.20	245.53	2874.13	41.65
全站仪折线法-近景摄影	69	0.04	293.17	3095.44	44.86
全站仪样条法-近景摄影	61	0.43	381.44	3108.34	50.96

综上所述，对全站仪测量的沟沿线点进行制图，拟采用圆弧法进行拟合，其结果的精度相对较高（表 4-1、表 4-4、表 4-5）。另外，考虑到折线法生成的沟沿线的长度、面积及碎区面积与圆弧法差异总体上并不大，亦可将其作为沟沿线制图的基本方法之一。

二、不同分辨率下的细沟侵蚀面积

（一）近景摄影测量法

从近景摄影测量获取的 DEM 中提取的沟沿线，在 ArcGIS 中拓扑处理后可计算细沟的侵蚀面积。表 4-6 表明，基于分辨率为 1mm 的 DEM 提取细沟侵蚀面积，1 号沟的侵蚀面积为 95.49dm^2，2 号沟的侵蚀面积为 61.74dm^2，以此作为参考面积，评估 DEM 分辨率对细沟侵蚀面积的影响。

表 4-6 细沟侵蚀面积及相对误差随 DEM 分辨率的变化

DEM 分辨率/mm	侵蚀面积/dm^2			相对误差/%		
	1 号沟	2 号沟	总计	1 号沟	2 号沟	总计
1	95.49	61.74	157.23	0.00	0.00	0.00
2	94.81	59.67	154.49	0.71	3.35	1.74
3	93.80	60.05	153.85	1.77	2.73	2.15
4	92.47	58.30	150.77	3.16	5.58	4.11
5	93.50	59.53	153.03	2.08	3.58	2.67
6	93.05	58.28	151.32	2.56	5.61	3.76
7	91.75	57.23	148.98	3.92	7.30	5.25
8	91.81	57.72	149.53	3.85	6.52	4.90
9	92.29	58.42	150.71	3.35	5.38	4.15
10	92.98	57.62	150.60	2.63	6.67	4.22
11	91.95	58.66	150.61	3.71	4.99	4.21
12	92.72	57.54	150.26	2.90	6.80	4.43
13	92.83	57.87	150.70	2.78	6.28	4.15
14	92.96	57.19	150.16	2.65	7.37	4.50
15	93.56	59.94	153.50	2.03	2.92	2.38
16	94.85	59.42	154.27	0.67	3.76	1.89
17	93.00	57.94	150.94	2.61	6.15	4.00
18	88.84	56.51	145.35	6.96	8.48	7.56
19	90.86	56.64	147.50	4.84	8.26	6.19

DEM 分辨率/mm	侵蚀面积/dm²			相对误差/%		
	1 号沟	2 号沟	总计	1 号沟	2 号沟	总计
20	92.68	57.40	150.08	2.94	7.03	4.55
25	89.88	58.44	148.31	5.88	5.35	5.67
30	86.49	55.62	142.11	9.43	9.91	9.62
35	76.56	56.35	132.91	19.82	8.73	15.47
40	81.44	52.64	134.08	14.71	14.74	14.72
45	84.85	52.85	137.70	11.15	14.40	12.42
50	80.00	49.50	129.50	16.22	19.83	17.64
55	75.32	33.88	109.20	21.12	45.12	30.55

　　侵蚀面积随着 DEM 分辨率的变化而变化，其关系可以用线性方程来拟合（图 4-8），两个线性方程的系数均为负值，表明相对于同一条细沟，随着 DEM 分辨率的降低，所获取的细沟侵蚀面积随之减小。

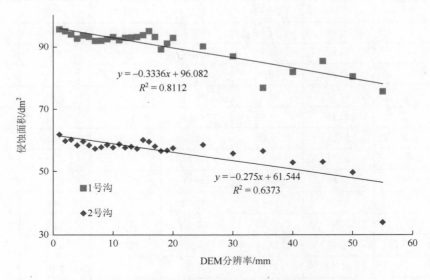

图 4-8　细沟侵蚀面积随 DEM 分辨率的变化

　　从相对误差来看，近景摄影测量法获得的 DEM 中提取的细沟侵蚀面积误差随 DEM 分辨率大小的变化总体呈增长趋势（图 4-9）。当分辨率小于 20mm 时，其相对误差总体上较低，大多不超过 5%，且在此范围内，相对误差与分辨率大小之间没有显著的对数关系。但当分辨率大于 20mm 后，细沟侵蚀面积相对误差与 DEM 分辨率之间的对数函数关系较为显著（R^2 分别为 0.7177、0.6681），且相对误差显著增大。这表明，使用近景摄影测量法研究细沟侵蚀面积时，建立 DEM 的分辨率宜小于 20mm。

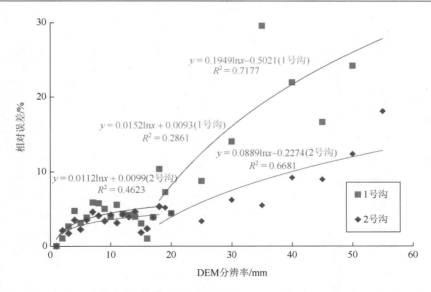

图 4-9　近景摄影测量法提取的侵蚀面积相对误差与 DEM 分辨率的关系

（二）三维激光扫描法

以三站扫描数据拼接的结果为对象进行分析（表 4-7）。当 DEM 分辨率为 3mm 时，1 号沟的侵蚀面积为 98.65dm^2，2 号沟的侵蚀面积为 63.97dm^2，比 DEM 分辨率为 10mm 的侵蚀面积分别大 8.36dm^2、8.24dm^2，比 DEM 分辨率为 20mm 的侵蚀面积分别大 11.09dm^2、5.25dm^2。因此，随着 DEM 分辨率的降低，提取的侵蚀面积也逐渐变小。

表 4-7　三维激光扫描的细沟侵蚀面积随分辨率的变化

DEM 分辨率/mm	面积/dm^2		绝对误差/dm^2		相对误差/%	
	1 号沟	2 号沟	1 号沟	2 号沟	1 号沟	2 号沟
3	98.65	63.97	0.00	0.00	0	0
4	94.47	59.65	4.18	4.32	0.04	0.07
5	93.12	58.41	5.54	5.56	0.06	0.09
6	90.86	57.08	7.79	6.89	0.08	0.11
7	91.68	56.67	6.97	7.30	0.07	0.11
8	92.49	56.81	6.16	7.16	0.06	0.11
9	90.47	56.25	8.18	7.72	0.08	0.12
10	90.29	55.73	8.36	8.24	0.08	0.13
11	90.9	58.29	7.75	5.68	0.08	0.09
12	89.04	56.82	9.61	7.15	0.1	0.11
13	90.6	56.04	8.05	7.93	0.08	0.12
14	90.24	57.76	8.41	6.21	0.09	0.10

DEM 分辨率/mm	面积/dm²		绝对误差/dm²		相对误差/%	
	1 号沟	2 号沟	1 号沟	2 号沟	1 号沟	2 号沟
15	88.38	57.69	10.27	6.28	0.10	0.10
16	88.32	56.35	10.33	7.62	0.10	0.12
17	86.87	54.82	11.78	9.15	0.12	0.14
18	88.35	50.92	10.30	13.05	0.10	0.2
19	90.32	56.14	8.33	7.83	0.08	0.12
20	87.56	58.72	11.09	5.25	0.11	0.08
25	87.88	59.13	10.78	4.85	0.11	0.08
30	85.77	54.72	12.88	9.25	0.13	0.14
35	83.3	51.94	15.35	12.03	0.16	0.19
40	81.6	58.06	17.05	5.91	0.17	0.09
45	85.86	57.11	12.79	6.87	0.13	0.11
50	86.25	49	12.40	14.97	0.13	0.23
55	77.14	49.31	21.51	14.66	0.22	0.23

图 4-10 表明，随着 DEM 分辨率的降低，三维激光扫描条件下的细沟侵蚀面积绝对误差总体上具有增加的趋势。对于 1 号沟，绝对误差的变化趋势可以用对数函数进行拟合，且具有较高的显著性（$R^2 = 0.8144$）；但 2 号沟的侵蚀面积相对误差的显著性较差（$R^2 = 0.4198$）。然而，对于两条沟的拟合方程，$\ln x$ 的系数均为正值，表明随着 DEM 分辨率的降低，绝对误差具有增加的趋势。

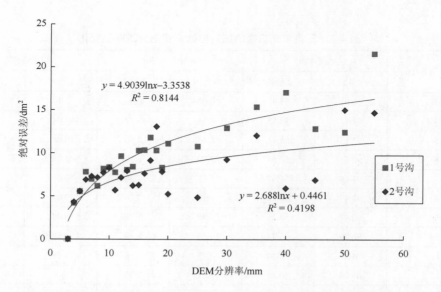

图 4-10　三维激光扫描条件下侵蚀面积绝对误差与 DEM 分辨率的关系

　　侵蚀面积相对误差随着分辨率的变化具有复杂的变化特征（图 4-11）。当 DEM 分辨率不超过 16mm 时，1 号沟侵蚀面积的相对误差均不超过 10%；当 DEM 分辨率超过 16mm 后，其侵蚀面积的相对误差为 13%。2 号沟的相对误差相对要高些，当 DEM 分辨率在 16mm 以下时，其值主要分布在 10%～13%，平均为 11%；之后相对误差平均为 15%，最大值达 20%以上。

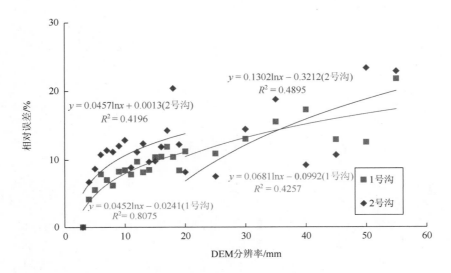

図 4-11　三维激光扫描条件下的侵蚀面积相对误差与 DEM 分辨率的关系

　　以 DEM 分辨率 20mm 为界，当 DEM 分辨率不超过 20mm 时，1 号、2 号沟的侵蚀面积相对误差具有大体一致的变化规律，二者用对数函数拟合的 $\ln x$ 系数大小极为接近，分别为 0.0452、0.0457，表明其变化趋势相同，且随着 DEM 分辨率的降低，相对误差也随之增大。当 DEM 分辨率大于 20mm 后，虽然两条细沟侵蚀面积相对误差也具有增大的趋势，但是 2 号沟的 $\ln x$ 系数大于 1 号沟，表明其相对误差增长速度更快；相对误差拟合函数的 R^2 较小，均在 0.5 以下，表明其显著性不高，相对误差随 DEM 分辨率变化的波动性较强。这表明，使用三维激光扫描法研究细沟侵蚀面积时，建立 DEM 的分辨率宜小于 16mm。

（三）总体评价

　　相同 DEM 分辨率条件下，比较两种方式获得的 DEM 提取的细沟侵蚀面积之差，绝对误差随分辨率具有大体相同的变化规律（图 4-12），差值不超过 7dm^2，相对误差基本上保持在 10%之内；当 DEM 分辨率在 5～14mm 时，二者的绝对误差最小，均在 4dm^2 之内，相对误差一般不超过 5%，因此当 DEM 分辨率小于 14mm 时，这两种方法用于计算细沟侵蚀面积的差异不大。

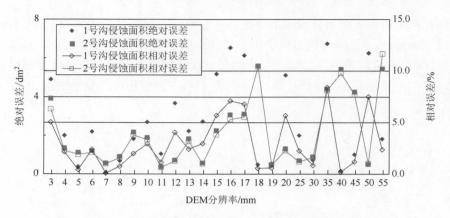

图 4-12　两种方法细沟侵蚀面积的绝对误差及相对误差

本 章 小 结

　　本章分析不同制图方法及不同 DEM 分辨率对沟沿线长度和侵蚀面积的影响。对全站仪测量的沟沿线特征点进行制图，分别用折线法、圆弧法、样条法三种方法进行拟合，其结果与近景摄影测量的结果进行比较，圆弧法拟合的沟沿线长度相对误差最小。从近景摄影测量法建立的 DEM 提取的沟沿线长度，随着 DEM 分辨率的降低而呈幂函数下降，当 DEM 分辨率小于 10mm 时，其变化速率较快，而之后则相对较缓；沟沿线长度相对误差随 DEM 分辨率的降低而呈对数增长，当分辨率为 5mm 时其相对误差约 10%，从沟沿线长度来看，10mm 可以作为近景摄影测量法建立 DEM 的最佳 DEM 精度。对三站拼接的三维激光扫描 DEM 提取的沟沿线长度，随 DEM 栅格的增长而呈对数式负增长；其相对误差随 DEM 分辨率的降低呈对数式增长，当 DEM 分辨率为 5mm 左右时，相对误差约 10%。从 DEM 分辨率来看，兼顾数据精度与计算机效率，建立细沟 DEM 的最佳分辨率不超过 10mm。

　　从细沟侵蚀面积来看，无论是相对误差还是碎区面积，圆弧法比折线法、样条法具有更高的精度。近景摄影测量和三维激光扫描法，其建立的 DEM 栅格尺寸的增加，均会导致细沟的面积随之减少，相对误差则呈不显著的对数式增长。对于近景摄影测量来讲，当 DEM 分辨率小于 20mm 时，相对误差不超过 5%；但对于三维激光扫描 DEM，当 DEM 分辨率大于 16mm 后，其相对误差则达 10%以上。当 DEM 分辨率小于 14mm 时，两种方法获得的细沟侵蚀面积误差不大。

第五章　横剖面形态参数

第一节　宽　　度

一、近景摄影测量法

在本章讨论近景摄影测法建立的 DEM 分辨率对细沟 5 个横剖面形态参数（宽度、深度、横剖面线长度、横剖面面积、横剖面宽深比）的影响时，DEM 分辨率设置为：1～20mm 间隔为 1mm，20～80mm 间隔为 5mm，形态参数参考标准以分辨率为 1mm 的 DEM 为基础，评估其误差。

基于 DEM 分辨率为 1mm 条件下，1 号至 6 号横剖面的宽度分别为 22.7cm、21.8cm、35.3cm、35.1cm、22.6cm、31.7cm。在图 5-1 中，除了 1 号、5 号横剖面宽度相对误差随 DEM 分辨率变化的趋势较显著（R^2 值在 0.7 以上）外，其他 4 个横剖面宽度的误差随着 DEM 分辨率的变化并不具备较好的线性关系，但其线性拟合的系数均为正值：随着 DEM 分辨率的降低，宽度值呈减小之势（除 5 号横剖面外），其相对误差呈增加的趋势。

当 DEM 分辨率不超过 10mm 时，6 个横剖面宽度的相对误差极大值为 2.44%，平均值为 0.58%；1 号、6 号横剖面宽度的相对误差均不超过 1%，2 号横剖面有 4 个值大于 1%；3 号、4 号横剖面有 2 个值大于 1.0%，5 号横剖面有 3 个值超过 1%，其余均不足 1%，因此当 DEM 分辨率在 10mm 之内时，DEM 分辨率对横剖面宽度的影响并不大。类似地，当 DEM 分辨率不超过 20mm 时，除了 5 号横剖面在分辨率为 20mm 的 DEM 相对误差为 5.40%外，其他分辨率的横剖面宽度相对误差均不超过 5%；当 DEM 分辨率不超过 50mm 时，相对误差的最大值为 7.9%；当 DEM 分辨率不超过 65mm 时，相对误差的最大值接近 10%，但之后相对误差快速增大。

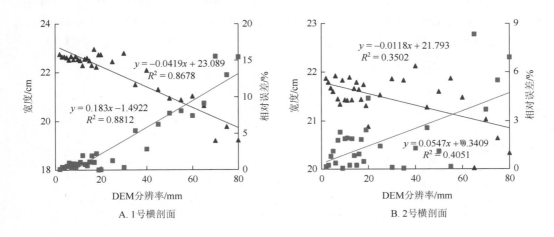

A. 1 号横剖面　　　　　　　　　　　B. 2 号横剖面

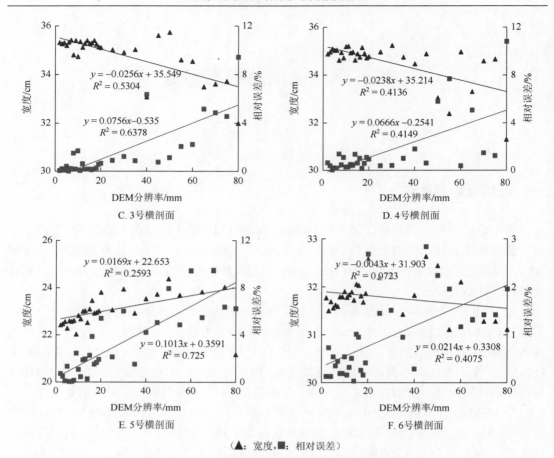

（▲：宽度，■：相对误差）

图 5-1　不同分辨率细沟横剖面宽度的误差

　　进一步分析发现，相对误差较大的横剖面，其 DEM 分辨率高低与相对误差的线性关系相对显著；相对误差较小的横剖面，这种线性关系却极不显著，如 2 号横剖面相对误差最大值为 8.3%，6 号横剖面相对误差最大值为 2.84%，其 R^2 值仅为 0.40。

　　从 DEM 数据量上来考虑，1mm、10mm、20mm、50mm 分辨率的 DEM 大小为 37641kB、641kB、193kB、65kB，分辨率降低虽然导致了参数误差的增大，但是数据量的减少使得对计算机配置的要求大大降低了。从横剖面宽度来看，DEM 分辨率设置为 10mm，获得参数的相对误差很小；设置为 20mm，其相对误差基本上不超过 5%，亦属于允许的范围。

二、三维激光扫描法

（一）单站扫描

1. 不同滤波条件下

　　数据预处理表明，三维激光扫描法获取的横剖面，无论是在单站还是多站拼接情况下，在极高分辨率时横剖面曲线都可能呈波状起伏。对于单站数据，主要包含两方面的原因：一是细沟沟道的非光滑性，土壤的粗糙性与开裂是主因；二是空气中的尘埃等引起的噪点。后者在三维激光点云数据处理软件中可以通过"去噪"处理掉。

图 5-2 显示了用几种方法平滑处理横剖面的情形，其中 TIN 代表从三维激光扫描点云数据建立 TIN 并直接提取的横剖面，SC 是把 TIN 转化为分辨率为 1mm 的 DEM 后提取的横剖面，PH 是从近景摄影测量法建立的分辨率为 1mm 的 DEM 中提取的横剖面，LW、MF、FS 则是对分辨率为 1mm 的 DEM 进行低通滤波、众数滤波、焦点统计处理后提取的横剖面。其中 1 号、3 号、5 号横剖面的近景摄影法获取的横剖面与三维激光扫描法结果大体重合；但是 2 号、4 号、6 号横剖面则存在不同程度的空隙，尤其是 6 号，空隙区均出现在直立的沟壁处，主要原因是三维激光扫描时该区地形阻挡而无法被扫描。对于较弯曲的细沟，单站扫描时会产生大量的空白区域。

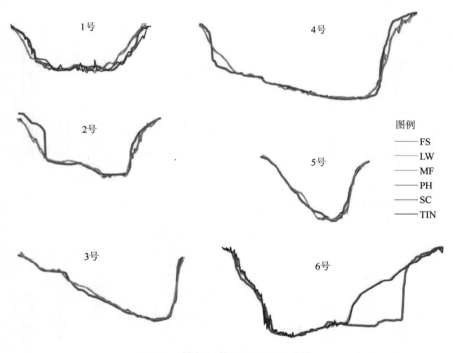

图 5-2　横剖面数据平滑处理比较

从图 5-2 还可发现，近景摄影测量法以及低通滤波、焦点统计的横剖面均较光滑，但是 TIN、分辨率为 1mm 的 DEM 及众数滤波后的横剖面图形则较为粗糙。以近景摄影测量法提取的参数为辅助参考，以从 TIN 提取的横剖面形态参数为基准，评价 SC、LW、MF、FS 几种处理方法的误差。相对于原始 TIN 提取的细沟宽度，几种方法处理后的宽度或增或减，绝对误差均不足 1cm，相对误差最大不超过 4%，因此对原始数据不予处理，或采用低通滤波、众数滤波与焦点统计法处理 DEM，均可取得准确的结果（图 5-3）。对这 6 个横剖面，使用低通滤波与焦点统计处理后的细沟宽度相对误差平均值分别为 1.2%

和 1.0%，而 1mm 分辨率的 DEM 与众数滤波处理后的相对误差分别为 1.2%、1.3%，近景摄影法结果为 1.3%。因此，这几种方法对横剖面宽度的影响甚微。

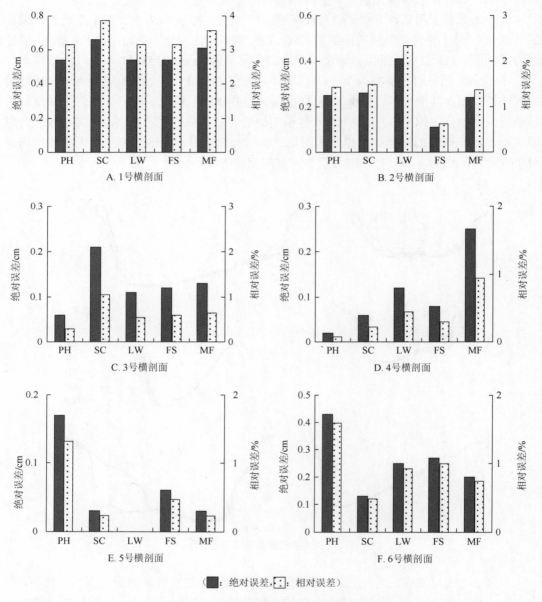

（■：绝对误差，▦：相对误差）

图 5-3　不同滤波处理结果宽度的误差

2. 不同扫描步长

为了获取单站扫描时扫描步长大小设置的影响，此处参照近景摄影测量条件下的细沟横剖面形态，分析不同扫描步长下细沟横剖面参数的变化。从图 5-4 可以看出，设置的扫描步长越小，横剖面形态越弯曲，更趋于锯齿状。仍以 1mm 步长点云数据建立的 TIN

提取的横剖面为基准，评估较大步长（分别设置为 2mm、4mm、6mm、8mm、10mm）点云建立 TIN 提取的横剖面参数误差。

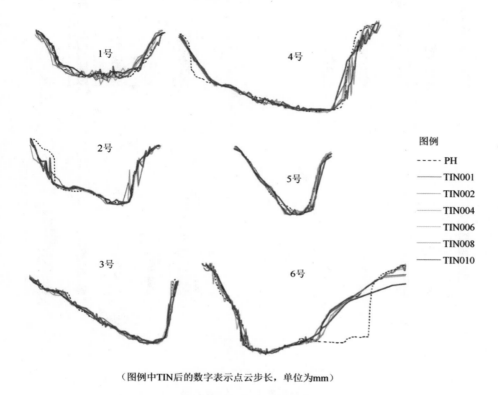

（图例中TIN后的数字表示点云步长，单位为mm）

图 5-4　不同扫描步长条件下细沟横剖面的形态

从细沟横剖面宽度来看，6 个横剖面宽度绝对误差的最大值为 0.7cm，相对误差最大值为 4.0%（图 5-5）。从相对误差随扫描步长大小的变化来看，二者之间没有明显的单调性变化。对于从 2mm、4mm、6mm、8mm、10mm 扫描间距点云建立 TIN 中提取的细沟宽度，其相对误差的平均值分别为 1.37%、0.98%、0.82%、1.58%、1.12%，总体上间距

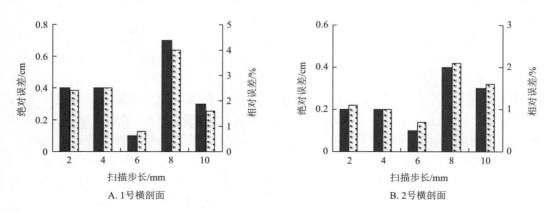

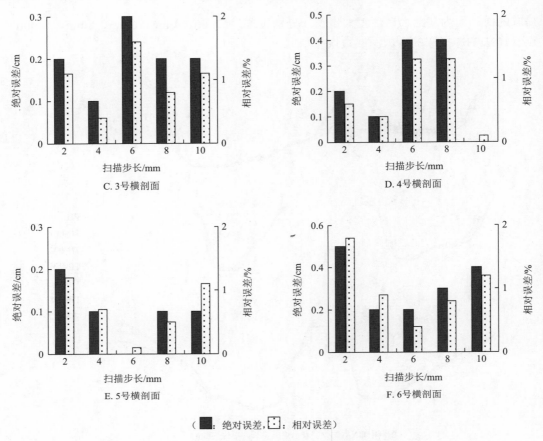

（■：绝对误差，⬚：相对误差）

图 5-5　不同扫描步长下细沟宽度的误差

较大者的相对误差略高一些，最小值出现在 6mm 扫描步长。因此，对于细沟宽度，适当降低扫描的分辨率，提高扫描点云的间距，并不会对其精度造成明显的影响。然后，相应数据量的显著降低，将有效提高数据处理的速度（针对当前一般的商用计算机配置而言）。

（二）多站拼接扫描

对于较为弯曲的细沟，单站三维激光扫描无法完全覆盖整个沟体时，可以通过多站三维激光扫描，利用计算机对多站点云数据进行拼接，进而获取沟道区完整的地形数据。本试验样区的细沟，通过三站拼接三维激光扫描实现了区域全覆盖，由于拼接后数据量大，通用的计算机配置无法处理分辨率 1mm 与 2mm 的数据量，故此最高分辨率采用 3mm 的 DEM。对比图 5-4、图 5-6（图中灰色虚线代表近景摄影测量获取的横剖面，红色实线代表分辨率为 3mm 的 DEM 提取的横剖面，其他实线分别是分辨率为 10mm、20mm、50mm、90mm 时的横剖面）可知，通过拼接三站三维激光扫描点云数据，据此建立 DEM 提取的横剖面上，已经没有明显的空隙；3mm 分辨率的横剖面与近景摄影测量法获取的横剖面具有较为近似的形态。但是当分辨率降低后，横剖面的形态具有显著的差异。

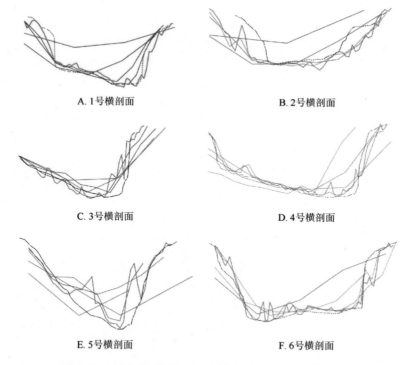

图 5-6　多站扫描不同 DEM 分辨率下细沟横剖面的形状

对比图 5-4、图 5-6 还可发现，多站拼接后获取的细沟横剖面相对于单站数据更粗糙，锯齿状现象更突出。这除了前述单站具有的两大影响因素外，多站进行拼接时使用的激光反射片坐标存在误差，无法达到完全意义上的无缝拼接，所以造成了陡坡区即使较小的水平错位也能产生显著的锯齿状形态。随着 DEM 分辨率的降低，这种锯齿状会弱化或消失。

除了 3 号横剖面外，其他细沟横剖面宽度随着 DEM 分辨率的降低具有较弱的减小之势，相对而言，横剖面宽度的相对误差变大的趋势更明显（图 5-7）：1 号至 6 号横剖面，宽度的相对误差与 DEM 分辨率之间的线性回归方程系数分别为 0.2863、0.2424、0.0128、0.1861、0.2016、0.1771，表明当多站拼接后的 DEM 分辨率降低时，相对误差具有变大

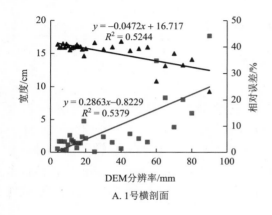

A. 1号横剖面

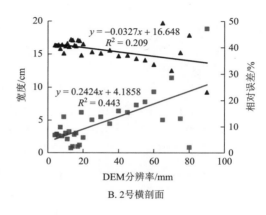

B. 2号横剖面

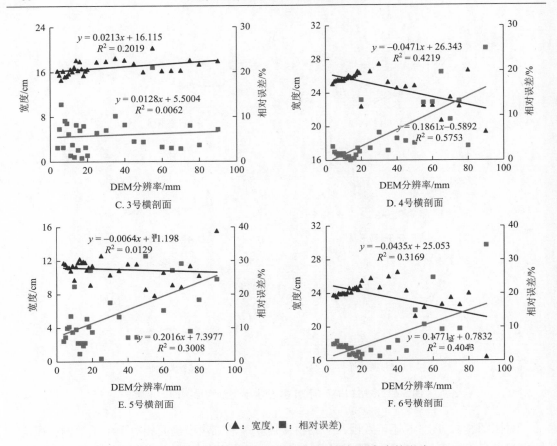

（▲：宽度，■：相对误差）

图5-7　多站拼接条件下DEM分辨率对横剖面宽度的影响

的趋势，但同时拟合的 R^2 值均小于0.6，表明这种变动的趋势并不显著。当DEM分辨率不超过5mm时，各横剖面宽度的相对误差基本上不超过5%；当DEM分辨率为10mm时，除了2号横剖面宽度的相对误差较高外，其他横剖面宽度的相对误差小于10%；当分辨率进一步降低后，横剖面宽度的相对误差迅速增加，因此DEM分辨率为5mm是获得细沟横剖面宽度的适宜精度。

第二节　深　　度

一、近景摄影测量法

基于DEM分辨率为1mm条件下，1号至6号细沟横剖面深度均不超过12cm，分别为8.3cm、7.9cm、9.8cm、10.4cm、10.2cm、11.9cm。对系列横剖面，其深度与DEM分辨率大小的线性拟合系数均为负值，这表明DEM分辨率的降低会导致细沟深度减小，在形态上表现为细沟变浅；随着DEM分辨率的降低，其与深度相对误差之间的线性拟合系数为正值，显示DEM分辨率与相对误差之间的正相关关系（图5-8）。两者之间的相关检

验 R^2 值均在 0.7 以上，表明二者之间的关系较为显著，细沟深度对 DEM 分辨率的变化较为敏感。

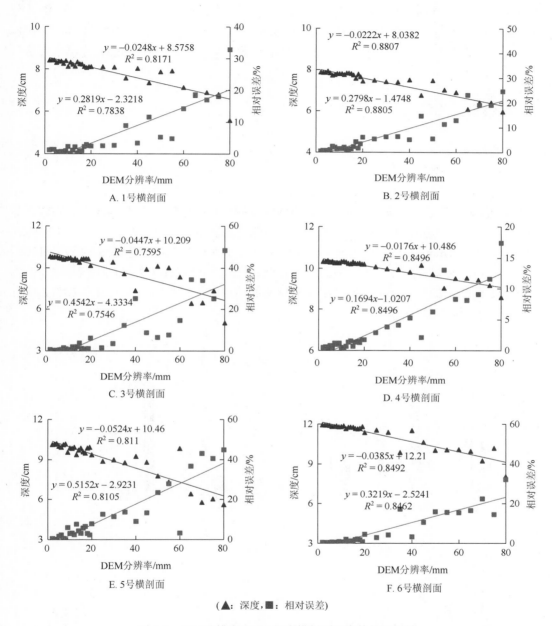

(▲：深度，■：相对误差)

图 5-8　不同分辨率 DEM 细沟横剖面深度的相对误差

当细沟 DEM 分辨率在 10mm 以内时，除了第 5 号横剖面在 9mm 分辨率的深度相对误差为 6.0%外，其他横剖面深度的相对误差基本上不超过 3%，绝大部分相对误差值在 1%以下，54 个横剖面深度的平均相对误差为 0.93%。当 DEM 分辨率不超过 20mm 时，在 108 个横剖面中有 6 个的相对误差超过了 5%，最大值为 7.78%，平均值为 1.63%；其中 1 号、4 号、6 号横剖面深度的相对误差最大值分别为 2.89%、1.73%、4.54%，平均值分别为 1.30%、0.96%、1.11%。但当 DEM 分辨率超过 20mm 之后，相对误差随 DEM 分辨率的增加迅速增大，当 DEM 分辨率达到 50mm 时，相对误差的最大值已经超过 20%。

因此，基于近景摄影测量法建立的 DEM 获得细沟深度，选用 DEM 分辨率宜小于 20mm。

二、三维激光扫描法

（一）单站扫描

1. 不同滤波条件下

与滤波处理后宽度的误差结果类似，细沟深度的绝对误差都不超过 0.4cm，相对误差最大值为 3.4%（图 5-9）。近景摄影测量法（PH）深度的平均误差为 1.8%，最大值为 3.4%；DEM 分辨率为 1mm 时（SC）平均误差为 1.2%，最大值为 2.6%；低通滤波（LW）处理后横剖面深度的平均误差为 1.7%，最大值为 2.9%；焦点统计（FS）处理的深度相对误差为 1.3%，最大值为 3.2%；众数滤波（MF）处理后的相对误差为 1.2%，最大值为 2.1%，因此几种方法对于细沟深度的影响均较小。

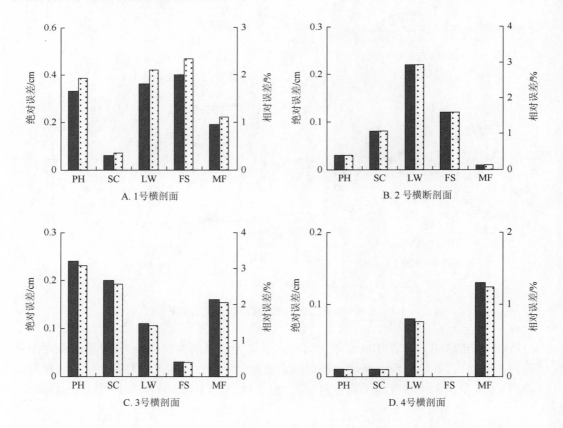

A. 1号横剖面　　　　　　　　　　　　　B. 2 号横断剖面

C. 3号横剖面　　　　　　　　　　　　　D. 4号横剖面

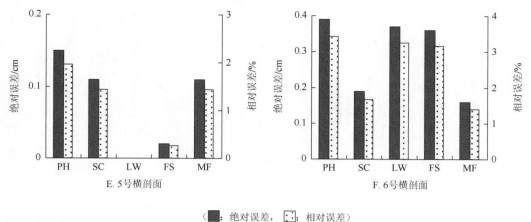

（■：绝对误差， ⬚：相对误差）

图 5-9 不同滤波处理结果深度的绝对误差

2. 不同扫描步长

对于不同扫描步长，细沟横剖面深度的最大绝对误差是 0.90cm，相对误差最大值是 13.1%（图 5-10）。相对误差与扫描步长之间没有明显的单调性，有些横剖面相对误差随扫描步长增长而呈增加的趋势，有些又呈下降之势。当扫描步长为 2mm 时，相对误差的最大值为 13.1%，平均值为 4.5%；扫描步长为 4mm 时，相对误差的最大值为 4.2%，平

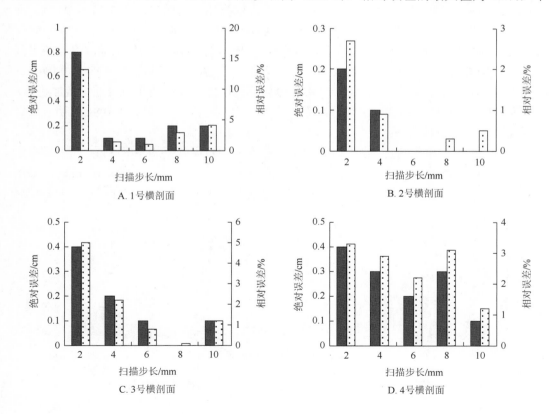

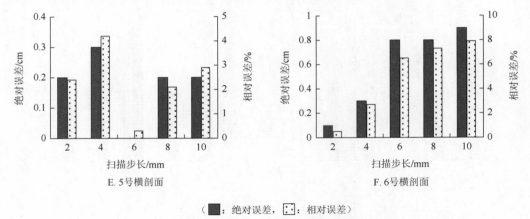

（■：绝对误差，　:：相对误差）

图 5-10　不同扫描步长下细沟深度的绝对误差

均值为 2.4%；扫描步长为 6mm 时，相对误差的最大值 6.5%，平均值为 1.8%；扫描步长为 8mm 时，相对误差的最大值为 7.3%，平均值为 2.6%；扫描步长为 10mm 时，相对误差的最大值为 7.9%，平均值为 3.0%，因此扫描步长为 6mm 时相对误差的平均值最低。

（二）多站拼接扫描

细沟横剖面深度随 DEM 分辨率大小变化的趋势性较为明显（图 5-11）。横剖面深度与 DEM 分辨率之间的线性回归系数分别为-0.0461、-0.0611、-0.0361、-0.0556、-0.0586、-0.0688，均为负值，表明随着 DEM 分辨率的降低，细沟横剖面深度亦随之降低。横剖面相对误差与分辨率之间的线性回归系数分别为 0.7903、0.8057、0.0943、0.05329、0.7844、0.6471，表明随着 DEM 分辨率的降低，深度的相对误差呈增加趋势；横剖面深度及其相对误差随 DEM 分辨率变化的回归方程拟合 R^2 值大于 0.8，表明它们之间的关系总体上相对显著。

当 DEM 分辨率不超过 5mm 时，横剖面深度的相对误差平均小于 8%；当分辨率为 10mm 时，相对误差的平均值为 11.9%，最大值为 33.1%；当分辨率达到 20mm 时，横剖面深度的相对误差平均值为 36.6%，最大值达 53.1%；当分辨率达到 35mm 以上时，相对

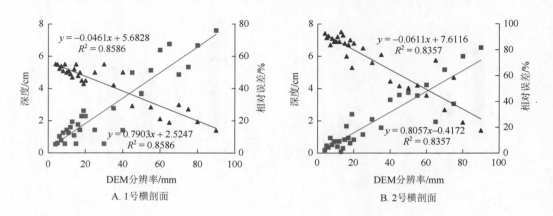

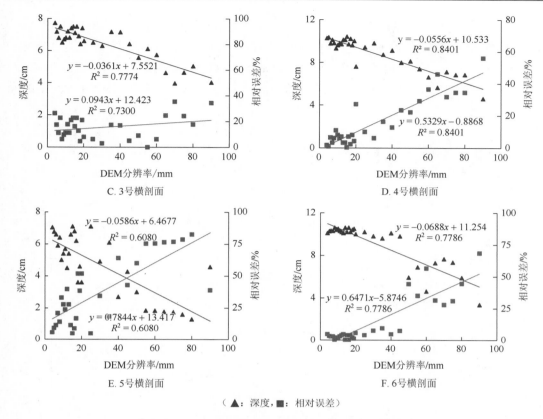

（▲：深度，■：相对误差）

图 5-11　多站拼接条件下 DEM 分辨率对横剖面深度和相对误差的影响

误差的最大值达到近 60%。因此，基于多站扫描拼接的 DEM 提取横剖面深度，DEM 分辨率最大不应超过 5mm。

总体上，对两种不同方法获得的 DEM 分辨率与横剖面深度的误差分析可知，研究细沟横剖面深度选择的 DEM 分辨率不宜大于 5mm。

第三节　横剖面线长度

一、近景摄影测量法

横剖面线长度既能反映细沟横剖面的规模，也能在一定程度上反映细沟横剖面形状的复杂程度，如在高分辨率条件下沟壁、沟床的粗糙程度。在沟蚀地貌学中，这还是未引起学者重视的一个指标。

基于 DEM 分辨率为 1mm 条件下，1 号至 6 号细沟横剖面线长度分别为 30.6cm、30.5cm、46.1cm、44.5cm、37.0cm、51.3cm。细沟横剖面线长度与 DEM 分辨率之间具有显著的线性关系，其 R^2 值大于 0.85，其中 1 号、2 号、5 号、6 号沟的 R^2 值大于 0.90，拟合系数均为负值，表明随着 DEM 分辨率的降低，细沟横剖面线的长度变短（图 5-12）。分辨率与长度相对误差线性拟合的系数均为正值，表明相对误差随着分辨率的降低而增加。

当 DEM 分辨率在 10mm 之内时，60 个横剖面线长度相对误差的平均值为 3.79%，最大值为 7.73%；当 DEM 分辨率增加到 20mm 时，相对误差的最大值增加到 10.44%；当 DEM 分辨率增加到 50mm 时，相对误差的最大值趋于 20%。因此，DEM 分辨率的降

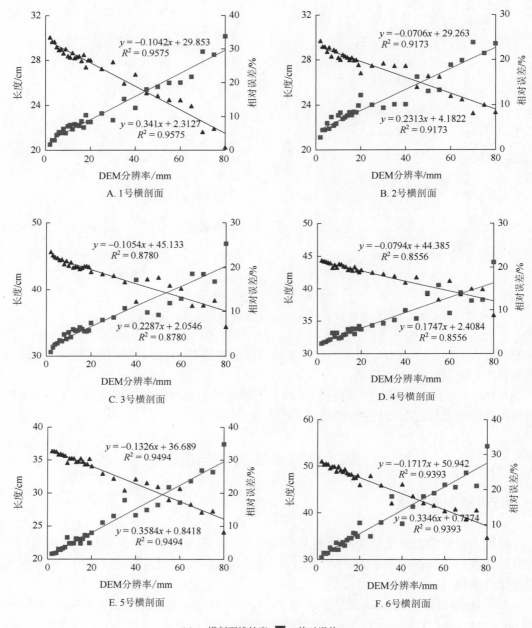

（▲：横剖面线长度，■：绝对误差）

图 5-12　不同分辨率下细沟横剖面线长度的相对误差

低，消除了细沟横剖面的粗糙程度，使其进一步变得更加"光滑"——消除了细节，仅保留了主要形态。因此，采用近景摄影测量法研究横剖面线长度，采用的 DEM 分辨率不宜大于 20mm。

二、三维激光扫描法

（一）单站扫描

1. 不同滤波条件下

相对于未经处理 TIN 提取的横剖面线长度，不同滤波处理后的横剖面线长度均变短，表明这种方法在一定程度上能"削峰"，起到曲线平滑的作用。相对于细沟的宽度与深度，横剖面线长度变化很大，6 个横剖面的最大绝对误差是 29.8cm，相对误差最大是 44.3%（图 5-13）。相对于 TIN 提取的横剖面长度，近景摄影测量法、1mm 分辨率 DEM、低通滤波、焦点统计、众数滤波提取长度的相对误差分别是 22.0%、16.1%、25.4%、25.4%、18.7%，其值越大，表明处理后的横剖面线越平滑，因而低通滤波与焦点统计法的平滑效果最佳（二者在各横剖面的误差基本相同），而众数滤波法仍然保留了较明显的起伏。近景摄影测量法的相对误差介于低通滤波与众数滤波之间，既能较好平滑曲线，同时也在一定程度上适当保留了曲线较大的起伏细节。

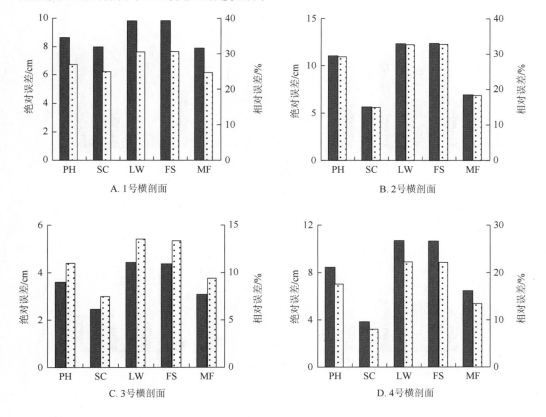

A. 1号横剖面　　　　B. 2号横剖面

C. 3号横剖面　　　　D. 4号横剖面

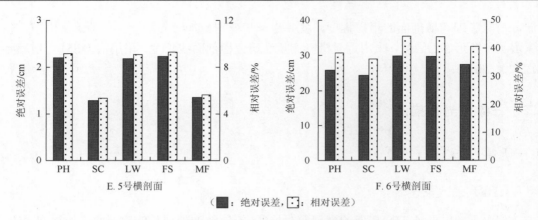

图 5-13　不同滤波处理结果中横剖面线长度的误差

2. 不同扫描步长

在不同扫描步长条件下，细沟横剖面线长度的变化较大。总体上来看，随着扫描步长的增加，横剖面线长度呈减小之势，其误差呈增加的趋势（图 5-14）。当扫描步长为 2mm 时，横剖面线长度的相对误差的最大值为 51.1%，平均值为 18.6%；当扫描步长为 4mm 时，相对误差的最大值为 37.1%，平均值为 14.9%；当扫描步长为 6mm 时，相对误差的最大值为 43.5%，平均值为 17.4%；当扫描步长为 8mm 时，相对误差的最大值为 43.5%，

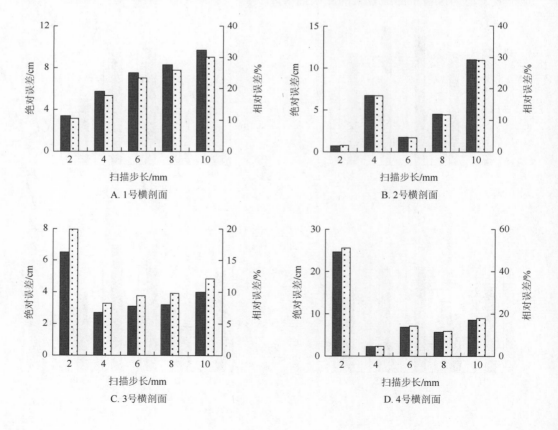

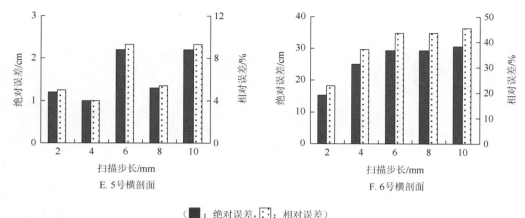

（■：绝对误差，▦：相对误差）

图5-14　不同扫描步长下细沟横剖面长度的误差

平均值为18.1%；当扫描步长为10mm时，相对误差的最大值为45.5%，平均值为24.0%，因此，不考虑2mm扫描步长的情况下，随着扫描步长的增加，细沟横剖面线长度的相对误差平均值具有单调递增的变化特征。

（二）多站拼接扫描

图5-15表明，细沟横剖面线长度与DEM分辨率之间的线性回归拟合方程的系数分别为-0.1053、-0.1275、-0.0498、-0.1826、-0.1075、-0.2259，表明随着DEM分辨率的降低，细沟横剖面线长度呈现降低的趋势；且拟合的 R^2 值多大于0.7，表明这种趋势较为显著。同样地，长度相对误差与分辨率之间的线性回归系数分别为0.3954、0.4229、0.1570、0.3818、0.3605、0.3892，因而细沟DEM分辨率的降低也导致了横剖面线长度相对误差的增加。从图5-15中可知，细沟横剖面线长度的相对误差基本上都在10%以上，这表明最高DEM分辨率提取的横剖面极其弯曲，随着DEM分辨率的降低，其趋于平滑的速率更快。对于多站扫描，DEM分辨率超过12mm后，线长的相对误差平均值大于10%。

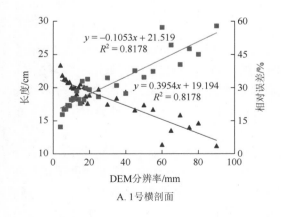

A. 1号横剖面

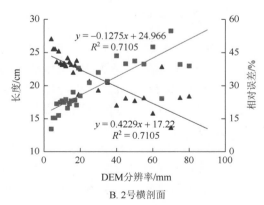

B. 2号横剖面

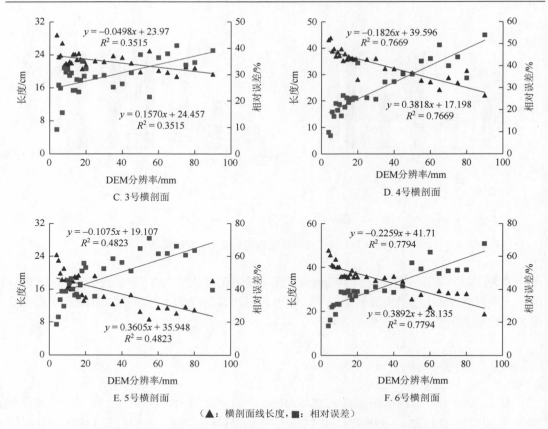

（▲：横剖面线长度，■：相对误差）

图 5-15　多站扫描条件下 DEM 分辨率对横剖面线长度和相对误差的影响

　　根据以上分析，当 DEM 分辨率小于 12mm 时，两种方式获得的横剖面线长度以及相对误差差异均较小，因此获得横剖面线长度的 DEM 最佳分辨率不宜大于 12mm。

第四节　横剖面面积

一、近景摄影测量法

　　DEM 分辨率为 1mm 的 6 个横剖面面积分别为 95cm^2、96cm^2、174cm^2、179cm^2、167cm^2、292cm^2。图 5-16 表明，细沟横剖面面积随着 DEM 分辨率的降低而呈下降之势，其线性回归方程的系数均为负值，且 R^2 值较高（基本上在 0.8 以上）；而 DEM 分辨率与横剖面面积相对误差之间的回归系数为正值，且显著性较强，表明 DEM 分辨率越低，相对误差亦越大。

　　当 DEM 分辨率较高时，细沟横剖面面积对 DEM 分辨率变化的敏感性较差，但当分辨率较低时其敏感性则显著提高。当 DEM 的分辨率不超过 10mm 时，横剖面面积相对误差的最大值为 7.19%，平均值为 0.98%；如果不考虑 5 号横剖面在 9mm 分辨率、1 号横剖面在 8mm 分辨率时的两个最大值，相对误差的平均值尚不及 0.8%。当 DEM 的分辨率不大于 20mm 时，其相对误差明显上升，最大值超过 11%，但平均误差仍然只有 2.04%。但当 DEM 的分辨率超过 55mm 时，相对误差最高可达 30%，此后已经无法保证细沟形态学分析结果的准确性。

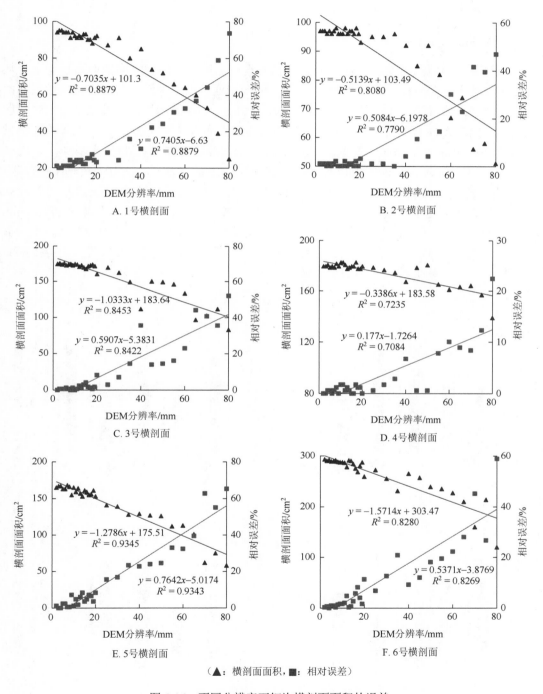

（▲：横剖面面积，■：相对误差）

图 5-16 不同分辨率下细沟横剖面面积的误差

二、三维激光扫描法

（一）单站扫描

1. 不同滤波条件下

如果不考虑近景摄影测量法，其他几种处理方法所获得的细沟横剖面面积均小于从 TIN 提取的横剖面面积。对于 2 号、4 号、6 号横剖面，近景摄影测量法获得的横剖面面积分别比 TIN 法获得的面积高出 1cm²、2cm²、28cm²，这是因为在三维激光扫描时相应位置未被完全扫描而存在空隙，导致了扫描法横剖面面积减小（图 5-2）。近景摄影测量法因其能完全涵盖横剖面，提取的横剖面面积较为准确。如果以 TIN 为基准，结果虽然可能失真，但在一定程度上反映了近景摄影测量法的可靠性。对于 6 个横剖面，除了 6 号横剖面近景摄影测量法的相对误差达 17.2%外，其他横剖面的误差亦相对较高（图 5-17），尤其是 1 号横剖面。总体上来看，近景摄影测量法（不计 6 号横剖面）、1mm 分辨率 DEM、低通滤波、焦点统计、众数滤波法相对误差的平均值分别为 2.7%、2.4%、3.2%、3.3%、2.5%；低通滤波、焦点统计法对横剖面形状的改变最为显著，使得横剖面面积相对明显地减小。

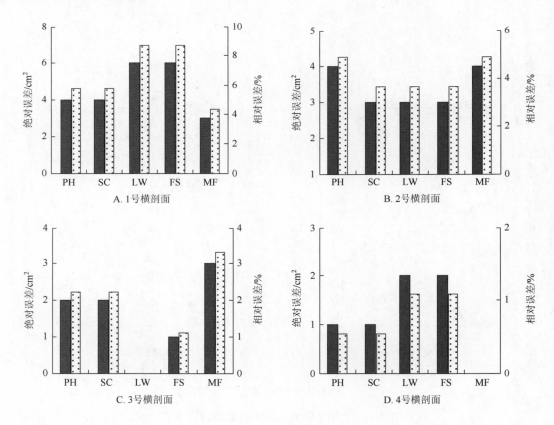

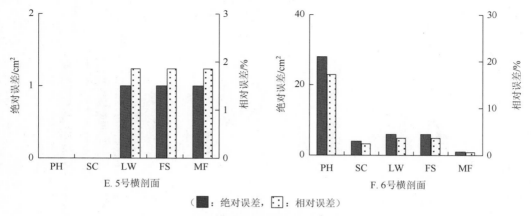

图 5-17　不同滤波处理结果横剖面面积的误差

2. 不同扫描步长

对于三维激光扫描步长对横剖面面积的影响，图 5-18 表明扫描步长对横剖面面积的相对误差影响较大。当扫描步长为 2mm 时，相对误差的最大值为 13.4%，平均值为 4.1%；扫描步长为 4mm 时，相对误差的最大值为 7.2%，平均值为 3.0%；当扫描步长为 6mm 时，相对误差的最大值为 9.2%，平均值为 4.7%；当扫描步长为 8mm 时，相对误差的最大值

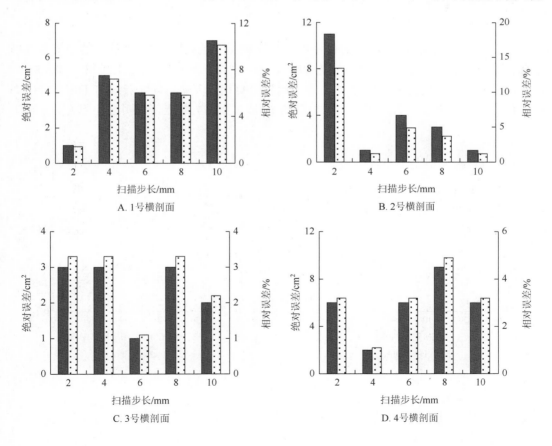

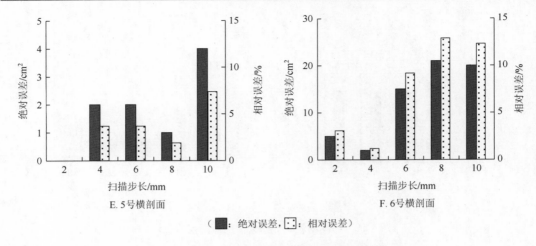

图 5-18　不同扫描步长下横剖面面积的误差

为 12.9%，平均值为 5.4%；当扫描步长为 10mm 时，相对误差的最大值为 12.3%，平均值为 6.1%，因此，当扫描步长设置为 4mm 时，具有相对较低的相对误差。

（二）多站拼接扫描

细沟横剖面面积的大小受 DEM 分辨率的影响较明显（图 5-19）。DEM 的分辨率与横剖面面积之间的线性回归系数分别为−0.6229、−0.7024、−0.2950、−1.2928、−0.3024、−1.4311，负值回归系数明显，表明二者之间具有负相关关系，即随着细沟 DEM 分辨率的降低，横剖面面积具有下降之势；拟合的 R^2 值多在 0.7 以上，表明这种相关关系较为显著。

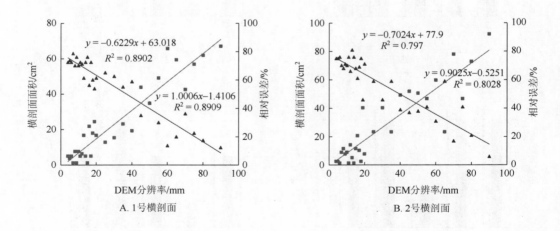

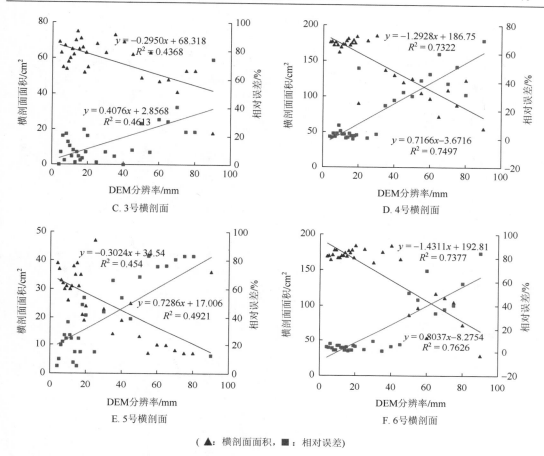

（▲：横剖面面积，■：相对误差）

图 5-19　多站拼接条件下 DEM 分辨率对横剖面面积和相对误差的影响

第五节　横剖面宽深比

一、近景摄影测量法

细沟横剖面的宽深比是反映其形态的重要指标，其误差主要受宽度误差与深度误差的共同制约。基于 DEM 分辨率为 1mm 条件下，6 个横剖面的宽深比分别是 2.73、2.76、3.62、3.38、2.22、2.67。在宽深比与 DEM 分辨率的散点图中，用线性方程进行回归拟合，结果表明其显著性虽然不高，但是其回归系数为正值，表明随着 DEM 分辨率的降低，宽深比具有随之增大的态势，即细沟从相对窄深型变为宽浅型。用线性方程拟合宽深比相对误差与 DEM 分辨率的数量关系，其回归系数为正值，因而 DEM 分辨率的降低，会使宽深比的相对误差增大（图 5-20）。

当 DEM 分辨率不超过 10mm 时，54 个横剖面的宽深比相对误差最大值为 4.24%，平均值为 0.79%；除了 5 号横剖面在 DEM 分辨率为 6mm 相对误差为 2.47%、9mm 相对误差为 3.80%、10mm 相对误差为 4.24% 外，其余横剖面宽深比值的相对误差均小

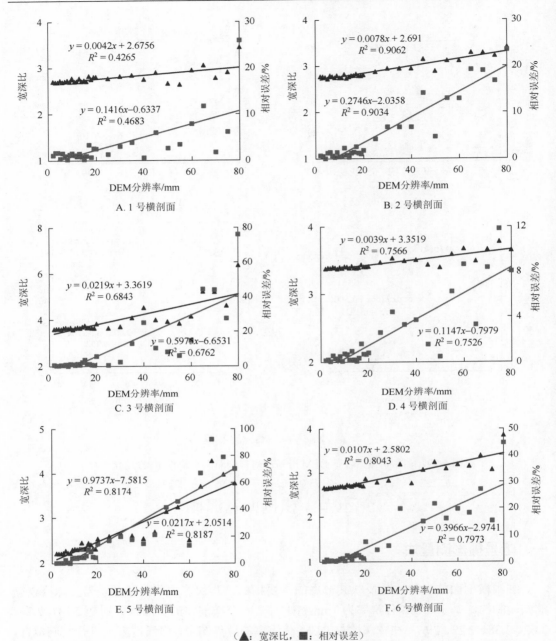

（▲：宽深比，■：相对误差）

图 5-20　不同分辨率细沟横剖面宽深比的相对误差

于 2%。当 DEM 分辨率在 20mm 及以下时，除了 5 号横剖面在 DEM 分辨率为 13mm
相对误差为 10.54%、16mm 相对误差为 10.27%、20mm 相对误差为 14.41%外，其余
横剖面宽深比相对误差均在 10%以下。但是当 DEM 分辨率超过 20mm 时，宽深比相
对误差显著上升，例如，当 DEM 分辨率为 50mm 时，5 号横剖面的宽深比相对误差
已经达到了 40%以上。

因此，对于近景摄影测量法获得的 DEM，当其分辨率不超过 10mm 时，能够获得较高精度的横剖面宽深比。

二、三维激光扫描法

（一）单站扫描

1. 不同滤波条件下

由于三维激光扫描到了本研究中 6 个横剖面的沟底及沟沿，故计算的宽深比能代表实地真实情况。几种处理方法的宽深比绝对误差最大值为 0.19，最大相对误差值为 6.6%（图 5-21）。在 6 个横剖面中，各种处理方法的最高相对误差均出现在 1 号横剖面中，其他各横剖面的相对误差较低。近景摄影测量法、1mm 分辨率 DEM、低通滤波、焦点统计与众数滤波的相对误差分别为 1.6%、1.9%、1.5%、1.5%、2.0%。因此，这几种方法对于细沟横剖面的宽深比指标的提取结果没有较大的影响；相对而言，低通滤波和焦点统计法的误差更低。

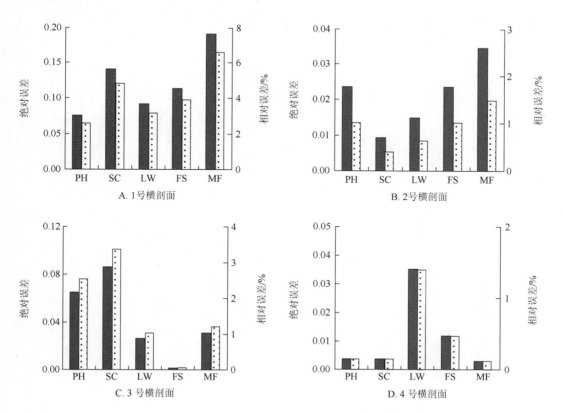

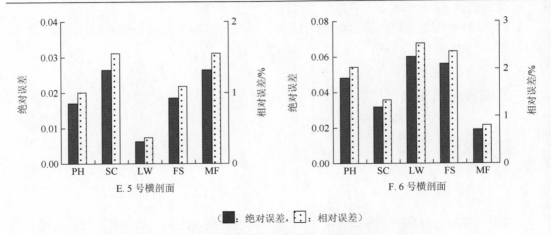

（■：绝对误差，⠿：相对误差）

图 5-21　不同滤波处理结果横剖面宽深比的误差

2. 不同扫描步长

细沟横剖面的宽深比变化与扫描步长没有明显的单调性关系（图 5-22）。除了扫描步长为 2mm 时 1 号横剖面的宽深比相对误差达到 13.7%、扫描步长为 10mm 时 6 号横剖面宽深比相对误差为 10.0%外，其余情况下的相对误差均不高。当扫描步长为 2mm、4mm、6mm、8mm、10mm 时相对误差的最大值分别为 13.7%、5.0%、7.5%、8.8%、10.0%，平

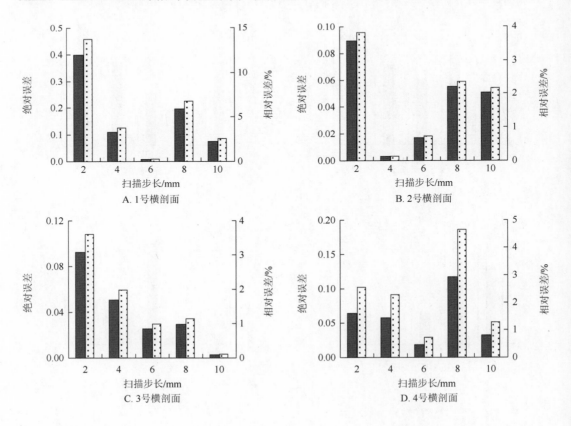

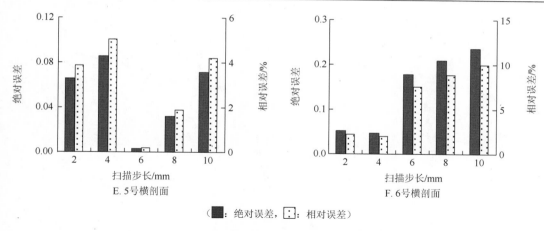

图 5-22　不同扫描步长下细沟宽深比的误差

均值分别为 5.0%、2.5%、1.7%、4.3%、3.4%，因此当三维激光扫描步长为 6mm 时，细沟横剖面宽深比的平均相对误差最小。

（二）多站拼接扫描

在多站拼接条件下，细沟横剖面宽深比及其相对误差随 DEM 栅格单元大小之间的回归拟合系数均为正值，表明随着 DEM 分辨率的降低，横剖面宽深比升高，相对误差上升（图 5-23）；回归方程的 R^2 值一般都在 0.8 左右，表明这种正相关性较为显著。这也表明，随着 DEM 分辨率的降低，获得的细沟横剖面形态更趋向于宽浅型，越接近于发育的后期。

除了 3 号横剖面宽深比的相对误差较高外，当 DEM 分辨率为 5mm 时，相对误差的最大值为 4.6%，平均值为 2.0%；当 DEM 分辨率为 10mm 时，相对误差平均值为 9.8%，有 2 个横剖面的相对误差大于 10%，有 2 个横剖面的相对误差不超过 3%；当 DEM 分辨率超过 18mm 后，宽深比相对误差的极大值达到了 89.4%，平均值达到 22.9%。因此，对

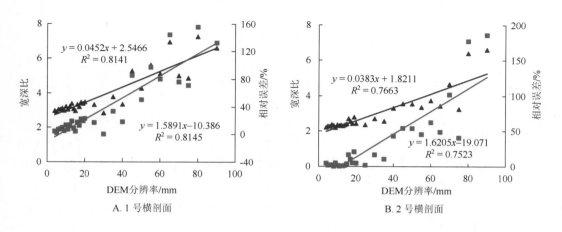

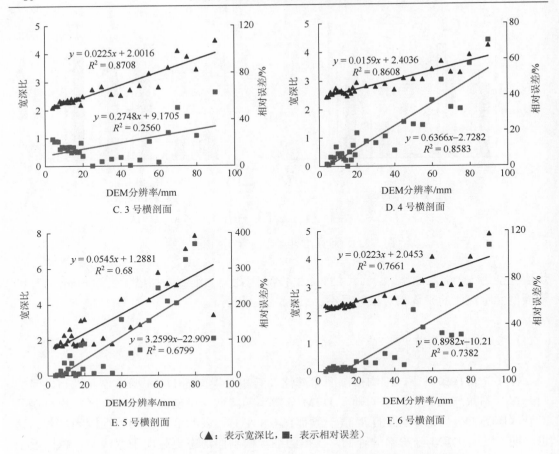

（▲：表示宽深比，■：表示相对误差）

图 5-23　多站拼接条件下 DEM 分辨率对横剖面宽深比及相对误差的影响

于多站拼接的细沟横剖面宽深比，当 DEM 分辨率为 5mm 时，具有较高的精度，其误差小于 5%。综上分析，当 DEM 分辨率小于 5mm 时，近景摄影测量法和三维激光多站扫描均能获得精度较高的横剖面宽深比。

本 章 小 结

本章分析横剖面形态参数随 DEM 分辨率降低的变化规律，结果表明对于近景摄影测量法，随着 DEM 分辨率降低，横剖面宽度、深度、横剖面线及横剖面面积均呈下降趋势。当 DEM 分辨率不超过 10mm 时，宽度相对误差不超过 2.5%，深度的相对误差一般不超过 3%，宽深比相对误差最大不超过 4.24%，横剖面长度相对误差平均值为 3.79%。此外，宽深比相对误差除 2 个横剖面外，其余相对误差值基本不大于 2%。因此，10mm 可以作为横剖面宽度、深度、横剖面线长的最大分辨率值；DEM 分辨率最大不超过 20mm，横剖面面积的平均相对误差均值为 2.04%，因此 20mm 是精确提取横剖面面积的最大 DEM 分辨率值。

　　对于单站扫描的横剖面，经过低通滤波、众数滤波、焦点统计处理后的宽度和深度差值均极小，相对误差均不超过 4%。横剖面线长度和横剖面面积受滤波影响较大，横剖面长度相对误差超过了 16%，众数滤波下的横剖面面积误差相对最小。各种滤波方法的宽深比误差均较小，其中以低通滤滤和焦点统计法的相对误差更低。不同扫描步长下的横剖面形态变化均不大，当扫描步长为 6mm 时，各参数误差值最小。

　　对于多站拼接扫描的横剖面，随着 DEM 分辨率的降低，横剖面各参数值也显著下降，当 DEM 分辨率小于 5mm 时，宽度相对误差不超过 5%，深度相对误差平均值均小于 8%，因此 5mm 是多站扫描下深度和宽度提取的最大分辨率。当 DEM 分辨率小于 10mm 时，横剖面面积相对误差平均值为 8%，宽深比相对误差值为 9.8%，因此 10mm 是提取横剖面面积和宽深比的最大 DEM 分辨率。横剖面线长度受 DEM 分辨率影响较大，当分辨率小于 12mm 时，横剖面线长的相对误差平均值小于 10%。

第六章　纵剖面形态参数

第一节　纵剖面线长

纵剖面形态是表征侵蚀沟发育阶段的重要参数，其数据的准确性将影响对侵蚀沟所处演化阶段的判断。探测方法与数据处理方法的差异，会导致纵剖面形态发生变化。

一、纵剖面线长误差

（一）近景摄影测量法

根据近景摄影测量法生成的分辨率为 1mm 的 DEM 提取纵剖面线，1 号、2 号沟纵剖面线长分别为 4.391m、4.193m（表 6-1）。对于 1 号细沟，当 DEM 分辨率小于 5mm 时，纵剖面线长的绝对误差不超过 0.10m；当 DEM 分辨率小于 30mm 时，绝对误差不超过 0.20m。从相对误差来看，1 号沟的相对误差均不超过 5%，2 号沟不超过 10%。当细沟 DEM 分辨率不超过 5mm 时，1 号、2 号沟相对误差分别不超过 2.45%、6.25%。从表 6-1、图 6-1 可知，随着 DEM 分辨率的降低，细沟纵剖面线长也呈减小之势，总体上其变化规律可以用指数函数进行拟合：1 号沟的 R^2 大于 0.9，拟合的指数为−0.011；2 号沟的 R^2 大于 0.81，拟合的指数为−0.02。因而，纵剖面线长随 DEM 分辨率的降低，具有显著的下降趋势；且由于指数较小，下降的速率较为缓慢。

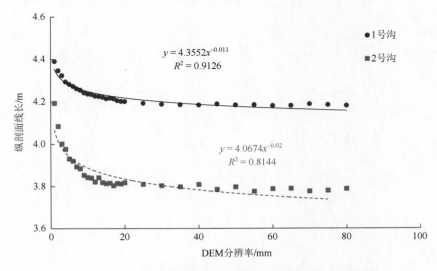

图 6-1　细沟纵剖面线长随 DEM 分辨率的变化规律

表 6-1　不同 DEM 分辨率细沟纵剖面线长的变化（近景摄影测量法）

DEM 分辨率/mm	1号沟			2号沟		
	线长/m	绝对误差/m	相对误差/%	线长/m	绝对误差/m	相对误差/%
1	4.391	0	0.00	4.193	0	0.00
2	4.347	0.044	1.00	4.084	0.108	2.58
3	4.323	0.067	1.53	4.001	0.191	4.56
4	4.294	0.096	2.19	3.977	0.216	5.15
5	4.283	0.107	2.45	3.931	0.262	6.25
6	4.273	0.117	2.67	3.921	0.272	6.49
7	4.263	0.128	2.91	3.893	0.3	7.15
8	4.256	0.134	3.06	3.884	0.309	7.36
9	4.243	0.147	3.36	3.853	0.339	8.09
10	4.238	0.153	3.48	3.843	0.35	8.34
11	4.235	0.156	3.54	3.840	0.353	8.41
12	4.227	0.164	3.73	3.822	0.371	8.85
13	4.226	0.165	3.75	3.841	0.352	8.39
14	4.221	0.169	3.85	3.819	0.374	8.92
15	4.215	0.175	3.99	3.814	0.379	9.04
16	4.218	0.173	3.94	3.815	0.377	9
17	4.214	0.176	4.01	3.803	0.389	9.29
18	4.205	0.185	4.22	3.814	0.379	9.04
19	4.202	0.189	4.29	3.812	0.381	9.08
20	4.201	0.19	4.32	3.818	0.375	8.94
25	4.193	0.197	4.5	3.81	0.383	9.14
30	4.188	0.203	4.62	3.803	0.39	9.3
35	4.185	0.205	4.67	3.798	0.395	9.41
40	4.184	0.206	4.7	3.809	0.384	9.15
45	4.189	0.201	4.59	3.785	0.407	9.71
50	4.184	0.206	4.7	3.797	0.396	9.44
55	4.185	0.206	4.68	3.775	0.417	9.95
60	4.181	0.21	4.78	3.787	0.406	9.67
65	4.18	0.21	4.79	3.789	0.404	9.62
70	4.188	0.203	4.62	3.776	0.417	9.95
75	4.184	0.207	4.71	3.779	0.413	9.86
80	4.181	0.21	4.78	3.788	0.405	9.66

（二）多站拼接扫描法

基于三维激光扫描拼接后的 DEM 提取的纵剖面，当 DEM 分辨率分别为 3mm 时，

1 号、2 号沟的线长分别为 6.131m、6.114m（表 6-2）。在 DEM 分辨率降低的初始阶段，线长变化较为显著，但是后期变化较缓。对于 1 号沟，当 DEM 分辨率大于 5mm 后，线长绝对误差大于 1.00m，相对误差大于 12%；当 DEM 分辨率为 10mm 时，线长绝对误差超过 1.50m，相对误差上升到 25.52%；当 DEM 分辨率为 20mm 时，线长绝对误差达 1.864m，相对误差超过 30%。对于 2 号沟，DEM 分辨率为 5mm 时，其绝对误差为 1.001m，相对误差超过 16%；当 DEM 分辨率达到 11mm 时，其绝对误差接近 1.90m，相对误差达 30.95%。

表 6-2　不同 DEM 分辨率细沟纵剖面线长的变化（三维激光扫描法）

DEM 分辨率/mm	1 号沟			2 号沟		
	线长/m	绝对误差/m	相对误差/%	线长/m	绝对误差/m	相对误差/%
3	6.131	0	0	6.114	0	0
4	5.641	0.49	7.99	5.479	0.634	10.38
5	5.374	0.757	12.35	5.112	1.001	16.38
6	4.981	1.15	18.75	4.663	1.451	23.73
7	4.818	1.313	21.41	4.648	1.465	23.97
8	4.697	1.434	23.39	4.535	1.579	25.82
9	4.639	1.492	24.34	4.368	1.745	28.55
10	4.566	1.565	25.52	4.337	1.777	29.06
11	4.543	1.588	25.91	4.222	1.892	30.95
12	4.493	1.638	26.71	4.163	1.951	31.91
13	4.466	1.665	27.16	4.131	1.982	32.42
14	4.414	1.717	28.01	4.05	2.064	33.76
15	4.323	1.808	29.48	4.081	2.033	33.25
16	4.34	1.791	29.22	4	2.113	34.57
17	4.326	1.805	29.44	4.008	2.105	34.44
18	4.313	1.818	29.65	3.958	2.156	35.26
19	4.299	1.832	29.88	3.943	2.171	35.51
20	4.267	1.864	30.41	3.951	2.163	35.38
25	4.261	1.87	30.5	3.94	2.174	35.55
30	4.242	1.889	30.81	3.833	2.281	37.3
35	4.215	1.916	31.26	3.857	2.257	36.91
40	4.24	1.891	30.85	3.803	2.31	37.79
45	4.211	1.92	31.31	3.812	2.302	37.65
50	4.217	1.914	31.23	3.792	2.322	37.98
55	4.213	1.918	31.28	3.806	2.308	37.75
60	4.197	1.934	31.54	3.785	2.329	38.09
65	4.201	1.93	31.47	3.808	2.306	37.72
70	4.195	1.936	31.58	3.784	2.33	38.1

续表

DEM 分辨率/mm	1 号沟			2 号沟		
	线长/m	绝对误差/m	相对误差/%	线长/m	绝对误差/m	相对误差/%
75	4.199	1.932	31.51	3.794	2.319	37.94
80	4.208	1.923	31.37	3.795	2.319	37.92
90	4.2	1.931	31.49	3.785	2.328	38.09

细沟沟底纵剖面线长与 DEM 分辨率可以用指数函数进行拟合（图 6-2）：1 号、2 号沟拟合的 R^2 值均大于 0.70，表明二者之间具有较显著的关系；拟合的指数值分别为 –0.082、–0.108，表明随着 DEM 分辨率的降低，纵剖面线长亦随之下降。

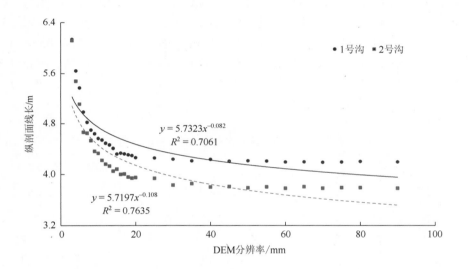

图 6-2　纵剖面线长随 DEM 分辨率的变化规律（三维激光扫描法）

对三站扫描拼接后生成的 DEM，低通滤波后提取 1 号、2 号沟沟底纵剖面，其曲线长度分别为 4.762m、4.450m；焦点统计后的曲线长度分别为 4.514m、4.196m。低通滤波后的曲线长度大致与 8mm 分辨率 DEM 提取结果相当；焦点统计法则大致与 11mm 分辨率结果相当。用全站仪测得 1 号、2 号的沟底纵剖面线长分别为 4.159m、3.748m，均显著低于从 DEM 提取的长度。

（三）两种方法的对比

将近景摄影测量法与三维激光扫描法所获得的 DEM 分辨率大致相当条件下的纵剖面线长进行比较，可以得到以下启示。

一是随着 DEM 分辨率的降低，线长均呈指数函数下降，这表明较高分辨率的 DEM 能更精细地反映沟底的细节，即沟底的粗糙程度。

二是在相同分辨率条件下，近景摄影测量法提取的纵剖面线长显著低于三维激光扫描法提取的结果，这主要缘于两方面的原因：一是三维激光扫描法可得到更精细的地表形态，二是数据拼接造成的误差又增加了 DEM 的粗糙度。

二、面积误差

（一）近景摄影测量法

以近景摄影测量法1mm提取的纵剖面线与全站仪所测纵剖面线构成的碎区面积为基准，可以理解不同分辨率的 DEM 细沟沟底纵剖线的变化特征。从表 6-3 可知，随着 DEM 分辨率的降低，无论是 1 号沟还是 2 号沟，近景摄影测量法提取的纵剖面线与三维激光扫描法提取的纵剖面线所围成的碎区面积绝对误差均呈增长之势。对于 1 号沟，当 DEM 分辨率不超过 20mm 时，面积绝对误差不超过 11cm^2；当 DEM 分辨率为 30mm 时，面积绝对误差达到 25cm^2；当 DEM 分辨率达到 80mm 时，面积绝对误差达到 250cm^2。对于 2 号沟，DEM 分辨率小于 10mm 时，纵剖面面积绝对误差小于 13cm^2；当 DEM 分辨率为 80mm 时，面积绝对误差达 355cm^2。

表 6-3　纵剖面线碎区面积绝对误差随 DEM 分辨率的变化　　（单位：cm^2）

DEM 分辨率/mm	近景摄影测量法/cm^2		三维激光扫描法/cm^2	
	1 号沟	2 号沟	1 号沟	2 号沟
1	0	0	—	—
2	0	1	—	—
3	0	1	0	0
4	1	2	4	−2
5	1	5	1	−2
6	1	8	1	−11
7	1	6	2	4
8	3	13	−4	0
9	3	10	11	19
10	2	13	0	9
11	4	16	10	−5
12	3	14	12	−1
13	4	18	7	9
14	4	24	14	8
15	7	21	7	17
16	6	27	9	6
17	6	27	19	0
18	10	33	−3	−5

续表

DEM 分辨率/mm	近景摄影测量法/cm²		三维激光扫描法/cm²	
	1 号沟	2 号沟	1 号沟	2 号沟
19	11	34	13	20
20	8	40	20	16
25	16	56	23	37
30	25	81	60	5
35	32	96	59	112
40	52	121	116	64
45	90	148	122	113
50	103	154	146	85
55	99	198	204	199
60	137	215	176	149
65	162	320	233	208
70	219	291	278	187
75	266	374	276	175
80	250	355	322	349
90	—	—	346	286

　　为了更直观地显示纵剖面线长度受 DEM 分辨率的影响，用不同 DEM 分辨率下的平均高差更有助于理解 DEM 分辨率与相应细沟纵剖面形态的关系。图 6-3 表明，平均高差与 DEM 分辨率之间的关系可用二次多项式来拟合，且存在极为显著的关系（$R^2 = 0.986$），拟合的二次项系数为正，表明随着 DEM 分辨率的降低，平均高差增大。对于 1 号沟，当

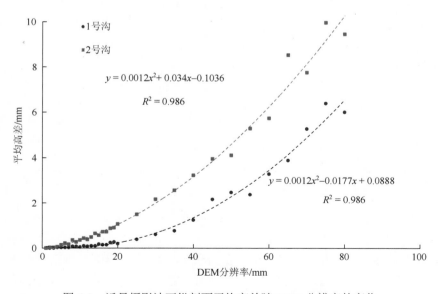

图 6-3　近景摄影法下纵剖面平均高差随 DEM 分辨率的变化

DEM 分辨率小于 10mm 时，其平均高差小于 0.05mm；当 DEM 分辨率小于 35mm 时，平均高差不超过 1mm；但之后随 DEM 分辨率降低，平均高差增加较为显著，当 DEM 分辨率超过 70mm 后，平均高差超过 5mm。对于 2 号沟，当 DEM 分辨率为 10mm 时，平均高差为 0.35mm；当 DEM 分辨率为 20mm 时，平均高差超过 1mm；当 DEM 分辨率达到 75mm 时，平均高差已接近 10mm。

（二）多站拼接扫描法

对于多站拼接扫描后获得的细沟，以分辨率为 3mm 的 DEM 提取的纵剖面线与全站仪测绘的纵剖面线所围成的碎区面积为基准，分析不同分辨率的 DEM 所提取纵剖面线与全站仪所测绘的纵剖面线差异。随着 DEM 分辨率的降低，两条纵剖面线所构成的碎区面积误差也随之变化。当 DEM 分辨率不超过 20mm 时，1 号、2 号沟的面积绝对误差有负有正；当 DEM 分辨率大于 20mm 后，随着分辨率的降低，面积绝对误差呈波动式增长（表 6-3）。

对于平均高差，当 DEM 分辨率不超过 10mm 时，1 号、2 号沟的最大值分别为 0.26mm、0.51mm；当 DEM 分辨率超过 30mm 时，平均高差最大可达 1mm；当分辨率超过 65mm 时，平均高差基本上超过 5mm。平均高差随 DEM 分辨率的变化也可以二次多项式来模拟，二者之间具有较为显著的关系（图 6-4）：1 号沟 R^2 达 0.98 以上，2 号沟 R^2 达 0.91 以上。

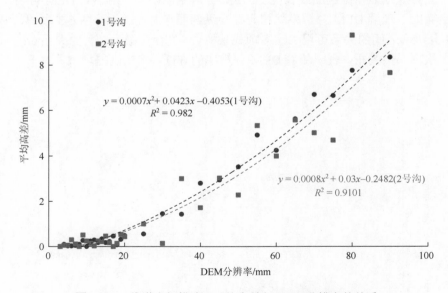

图 6-4 三维激光扫描法下平均高差与 DEM 分辨率的关系

近景摄影测量法与三维激光多站拼接扫描法下，DEM 分辨率与纵剖面线平均高差之间可用二次多项式来拟合，二者之间具有显著的正相关关系；在 DEM 分辨率不超过 50mm 时，纵剖面的平均高差不超过 5mm。

对于 3mm 分辨率的 DEM 进行低通滤波处理后，1 号、2 号沟纵剖面面积绝对误差分别为 $0cm^2$、$-1cm^2$，表明低通滤波处理对纵剖面面积误差的影响可以忽略，但是平均高差分别为 4.76mm、4.45mm。焦点统计的 1 号、2 号沟纵剖面面积误差分别为 $32cm^2$、$35cm^2$，大致相当于 DEM 分辨率为 25mm 时的误差；平均高差分别为 4.51mm、4.20mm。

第二节　侵　蚀　体　积

沟沿线以下的区域作为沟蚀区，其体积为侵蚀体积。在 ArcMap 10.2 中，利用 3D Analyst Tools 下的功能性表面→表面体积工具，可以计算侵蚀体积。

一、近景摄影测量法

细沟侵蚀体积随 DEM 分辨率的变化关系如图 6-5 所示。当 DEM 分辨为 1mm 时，1 号、2 号沟的侵蚀体积分别为 $51.80dm^3$、$28.22dm^3$；随着 DEM 分辨率的降低，细沟侵蚀体积均呈降低的趋势。从图中可以看出，2 条细沟的侵蚀体积具有大致相同的变化趋势：当 DEM 分辨率不超过 20mm 时，细沟的侵蚀体积变化不明显，侵蚀体积与单元格大小之间没有显著的线性关系（$R^2 < 0.2$）；当 DEM 分辨率大于 20mm 后，侵蚀体积随着 DEM 分辨率的降低而显著降低，二者之间的关系可用对数函数进行拟合，R^2 值均在 0.65 以上，尤其是 1 号沟的 R^2 值达 0.80 以上。

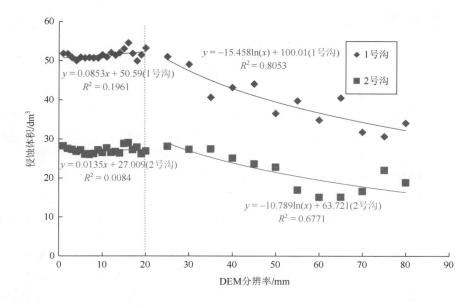

图 6-5　细沟侵蚀体积随 DEM 分辨率的变化

当 DEM 分辨率不超过 30mm 时，侵蚀体积的绝对误差不超过 3.00dm³；当 DEM 分辨率超过 30mm 后，绝对误差显著增加（图 6-6）。对于 1 号沟，当 DEM 分辨率小于 15mm 时，其绝对误差不超过 2.00dm³；当 DEM 分辨率超过 30mm 后，其绝对误差均大于 7.00dm³，而且绝对误差随分辨率的降低呈波动式增长。对于 2 号沟，尽管其规模相对较小，但在 DEM 分辨率为 6mm、7mm 时，侵蚀体积的绝对误差即超过 2.00dm³，之后则相对下降，直到 DEM 分辨率为 40mm 后，绝对误差显著升高，其变化曲线呈长长的"勺"状。总体上，随着 DEM 分辨率的降低，细沟侵蚀体积的绝对误差呈不显著的对数增长。

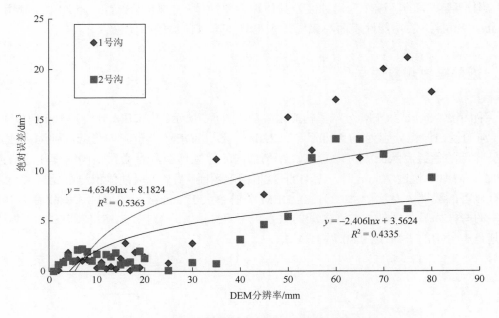

图 6-6　侵蚀体积绝对误差随 DEM 分辨率的变化

以 1mm 分辨率 DEM 计算的侵蚀体积为基准，计算不同分辨率条件下细沟侵蚀体积的相对误差。当 DEM 分辨率小于 20mm 时，2 条沟侵蚀体积的相对误差均在 10%以下：1 号沟平均值为 1.90%，最大值为 5.30%（分辨率为 16mm）；2 号沟平均值为 4.3%，最大值为 7.80%（分辨率为 7mm）；1 号、2 号沟相对误差大于 3.00%的横剖面分别为 3 个、14 个。当 DEM 分辨率大于 20mm 时，细沟侵蚀体积的相对误差快速增加：1 号沟 DEM 分辨率为 35mm 时，侵蚀体积相对误差达 20%以上，之后波动上升，至 75mm 时相对误差达 40.70%；当 2 号沟 DEM 分辨率为 40mm 时，其相对误差达 10%以上，之后急剧增加达 46.30%（当分辨率为 60mm 时）。从图 6-7 可知，当 DEM 分辨率小于 20mm 时，侵蚀体积相对误差与 DEM 分辨率之间没有显著的对数关系（$R^2<0.1$），呈波动式变化；当 DEM 分辨率超过 20mm 后，二者之间具有较为显著的对数关系，1 号、2 号沟拟合的 R^2 值分别为 0.8053、0.6771。

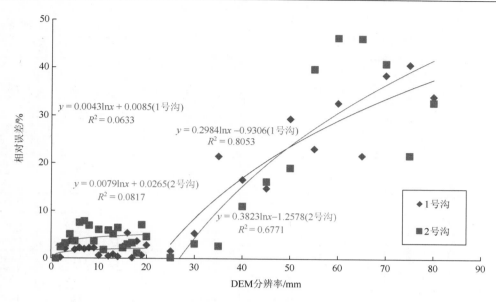

图 6-7　侵蚀体积相对误差随 DEM 分辨率的变化

二、多站拼接扫描法

利用多站拼接三维激光扫描仪获取的激光点云数据拼接后生成不同分辨率 DEM,据其计算的细沟侵蚀体积见表 6-4。对于 3mm 分辨率的 DEM,1 号、2 号沟侵蚀体积分别为 51.92dm³、28.45dm³,以此为标准评估不同分辨率细沟侵蚀体积的误差。随着细沟 DEM 分辨率的降低,细沟侵蚀体积总体上具有降低的趋势,但这种趋势具有波动性。

表 6-4　多站扫描条件下的细沟侵蚀体积及其误差

DEM 分辨率/mm	体积/dm³		绝对误差/dm³		相对误差/%	
	1 号沟	2 号沟	1 号沟	2 号沟	1 号沟	2 号沟
3	51.92	28.45	0	0	0	0
4	49.74	26.07	2.18	2.38	4.2	8.36
5	48.94	25.44	2.98	3	5.74	10.56
6	47.98	25.03	3.93	3.42	7.57	12.03
7	48.39	24.85	3.53	3.59	6.79	12.63
8	49	25.87	2.91	2.58	5.61	9.06
9	47.78	25.22	4.14	3.23	7.97	11.36
10	47.63	25.04	4.28	3.41	8.25	11.97
11	48.5	25.92	3.42	2.53	6.58	8.9
12	47.32	25.11	4.59	3.34	8.85	11.75
13	47.81	25.16	4.11	3.29	7.92	11.55
14	48.02	25.81	3.9	2.64	7.5	9.27

续表

DEM 分辨率/mm	体积/dm³		绝对误差/dm³		相对误差/%	
	1 号沟	2 号沟	1 号沟	2 号沟	1 号沟	2 号沟
15	47.79	26.39	4.13	2.06	7.96	7.25
16	47.51	25.92	4.41	2.53	8.49	8.9
17	46.47	24.5	5.44	3.95	10.48	13.87
18	46.06	23.24	5.86	5.21	11.29	18.31
19	47.5	25.46	4.42	2.98	8.51	10.49
20	45.95	26.38	5.97	2.07	11.49	7.28
25	44.81	26.53	7.11	1.92	13.69	6.75
30	43.17	23.15	8.75	5.3	16.85	18.63
35	41.64	22	10.28	6.44	19.79	22.65
40	43.06	22.7	8.86	5.75	17.07	20.21
45	42.23	20.34	9.69	8.11	18.66	28.5
50	42.66	15.84	9.25	12.61	17.82	44.33

　　当 DEM 分辨率小于 10mm 时，1 号沟侵蚀体积的绝对误差不超过 4.30dm³，2 号沟不超过 3.60dm³；当 DEM 栅格分辨率在 10~20mm 时，1 号沟侵蚀体积绝对误差最大值为 5.97dm³，2 号沟为 5.21dm³。当 DEM 分辨率超过 20mm 后，细沟侵蚀体积绝对误差迅速增加。从图 6-8 可以看出，当 DEM 分辨率小于 20mm 时，2 条沟侵蚀体积绝对误差基本上都不超过 5dm³，其波动趋势较为显著。侵蚀体积绝对误差与 DEM 分辨率之间可以用对数函数进行拟合：1 号沟拟合的效果较为显著，R^2 为 0.8643；2 号沟则不显著，R^2 为 0.4869，这表明 2 号沟相对误差变化规律更为复杂。

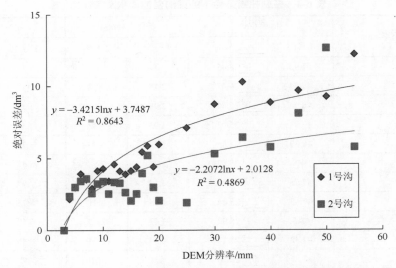

图 6-8　扫描法下细沟侵蚀体积绝对误差随 DEM 分辨率的变化

　　当 DEM 分辨率在 10mm 以下时，1 号沟侵蚀体积的相对误差最大值为 8.25%（分辨率为 10mm），2 号沟则达到 12.63%（分辨率为 7mm）；当分辨率不超过 20mm 时，1 号沟的侵蚀体积相对误差最大值为 11.29%（分辨率为 18mm），2 号沟最大值为 18.31%。总体上，当 DEM 分辨率小于 20mm 时，相对误差呈波动式变化，没有明显的趋势性，尤其是 2 号沟；但当 DEM 分辨率超过 20mm 后，侵蚀体积相对误差亦随之增大。相对误差与 DEM 分辨率之间的关系可以用对数函数进行拟合，其结果表明 1 号沟侵蚀体积相对误差与 DEM 栅格大小之间具有较显著的关系，R^2 在 0.85 以上；但是 2 号沟的拟合结果则较差，R^2 值为 0.4869，表明二者之间的弱相关性；然而 1 号、2 号沟拟合的 $\ln(x)$ 系数均为正数，表明随着 DEM 分辨率的降低，细沟侵蚀体积的相对误差呈上升之势（图 6-9）。以上分析表明，对于细沟侵蚀体积计算，宜采用的 DEM 分辨率最大不应超过 20mm。

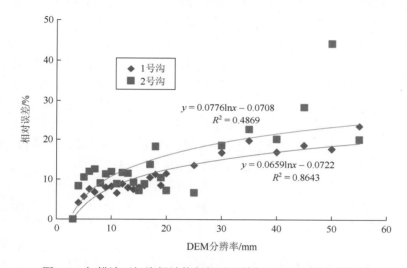

图 6-9　扫描法下细沟侵蚀体积相对误差与 DEM 分辨率的关系

本 章 小 结

　　本章分析近景摄影法与三维激光多站拼接扫描下，DEM 不同分辨率与纵剖面线长及侵蚀体积的关系。随着细沟 DEM 分辨率的降低，纵剖面线长呈降低趋势，二者之间关系可以用指数函数进行拟合。当 DEM 分辨率小于 5mm 时，近景摄影测量法下的纵剖面线长相对误差不超过 6%，多站扫描下的纵剖面线长相对误差不大于 12%，将两种方法提取的沟沿线与全站仪测量的沟沿线相交得到碎区并计算平均高差，平均高差越小，表明提取沟沿线的精确性越高，对沟底的粗糙程度描述越详尽，结果当 DEM 分辨率小于 10mm 时，平均高差均小于 1mm。因此，10mm 是提取细沟沟沿线的 DEM 最大分辨率。当 DEM 分辨率小于 20mm 时，细沟的侵蚀体积变化不明显，但超过 20mm 后，其体积显著下降，相对误差显著增大，二者之间呈对数关系，因此 20mm 是提取细沟侵蚀体积的最大分辨率。

第七章 结 语

一、主要结论

本书通过建立细沟区控制网，采用自制测针板、全站仪、三维激光扫描、近景摄影测量技术方法对细沟区地形及细沟形态进行探测，研究不同探测方法下获得的坐标数据精度及其对细沟形态参数的影响，分析 DEM 分辨率与细沟形态参数误差之间的定量关系，据此建立最优的细沟形态高精度探测方法。

（1）6mm 是提取细沟横剖面形态参数的适宜扫描步长。

对不同扫描步长的点云进行处理，结果表明扫描步长增加会显著降低点云数据量，但也会影响细沟形态参数的精度：以近景摄影法获得横剖面形态参数为基准，当扫描步长为 6mm 时，获得细沟宽度、深度及宽深比的绝对误差及相对误差均最小；横剖面线长度随扫描步长增大呈减小之势；当扫描步长为 4mm 时，各横剖面面积的相对误差平均值最小。综合比较，在减少数据量的情况下，对比各形态参数的精度及误差，当三维激光扫描步长设置为 6mm 时，可获得精度较高的横剖面形态参数。

（2）不同数据处理方法影响细沟形态参数的精确性。

对全站仪测量的沟沿线分别用折线法、圆弧法、样条法三种方法进行拟合，其沟沿线长度相对误差均不大，圆弧法拟合的沟沿线长度及细沟侵蚀面积的相对误差均最小。滤波对细沟宽度、深度、宽深比的影响较小，但对横剖面面积与横剖面线长度的影响显著。众数滤波对横剖面面积的影响最小；低通滤波和焦点统计法对宽深比及纵剖面线长的影响较小。

（3）近景摄影测量法能获取较高精度的细沟地形高程数据，也是探测细沟高精度形态参数的最优技术。

对比全站仪、三维激光扫描、近景摄影测量三种不同测量方法获得的高程值及高程误差，近景摄影测量方法获得的高程与全站仪高程平均误差为 0.012m，小于三维激光扫描法与全站仪高程平均误差（0.015m），结果表明近景摄影测量方法能建立更可靠、更适合于细沟特征的 DEM，且针对地形复杂的细沟，宜选择顺时针或逆时针拍照模式。

不同探测技术手段能获取的细沟形态参数效果是不一样的。由于细沟规模较小，全站仪测量的碎部点间距往往较大，因此仅适合于获取细沟沟沿线长度、侵蚀面积、横剖面宽度、横剖面深度参数；测针板可用于获取高精度的细沟横剖面形态参数，但是无法用于其他形态学参数提取。如果细沟较为笔直、沟型较为简单，在单站即可完整扫描的条件下，三维激光扫描法是较理想的数据采集方法。但自然条件下的细沟往往较为曲折，无法一站完整扫描，多站扫描在拼接上的误差导致细沟参数存在较大误差，无法有效用于细沟形态学研究。对于各种复杂的细沟,近景摄影测量法均可获得相对精确的细沟形态参数,因而成为细沟形态参数研究的最优探测技术。

（4）5mm 是获取细沟高精度形态参数的最佳 DEM 分辨率。

从近景摄影测量与三维激光扫描建立的不同分辨率的 DEM 提取沟沿线、横剖面形态参数（宽度、深度、横剖面线长、面积、宽深比）、侵蚀面积、侵蚀体积、纵剖面线长、纵剖面面积,分析其相对误差与 DEM 分辨率的关系,确定获取细沟不同形态参数的最佳 DEM 分辨率。根据最小原则,5mm 是研究细沟形态学的最佳 DEM 分辨率。

二、创新点

（1）本书提出了一种用于干热河谷地区的三维激光扫描与近景摄影测量相结合的高精度细沟探测方法。细沟作为一种微地貌形态,综合考虑获取其形态数据的质量（精度）、效率与成本等因素,采用近景摄影测量法重建不同弯曲程度的细沟是最为有效的方法,三维激光扫描对较顺直的细沟最有效。

（2）本书提出了一种近景摄影测量细沟的高精度 DEM 建模方法。通过建立 DEM 分辨率与细沟形态参数误差之间的数学模型,分析 DEM 分辨率对细沟宽度、深度、横剖面面积、体积等形态参数的影响,在保证精度的条件下为降低数据采集量提供科学依据。

三、研究展望

（1）地形测绘方法及沟沿线提取与坡度关系。

在本研究中,除测针板在测量时横剖面受坡度影响较大,其余测量方法及仪器,均没有考虑到坡度影响,因此后期进行地形数据采集时,可以进一步探讨不同坡度对细沟形态精度的影响。在提取细沟沟沿线时根据经验设置了坡度角为 40°作为阈值,但是沟沿线在实地表现为一条具有一定宽度、坡度变化剧烈的带——称之为沟沿带可能更适宜。研究根据细沟区的地形特征,设置不同的坡度角提取沟沿线并评价其对细沟形态参数的影响,因而细沟形态参数对于坡度角阈值的敏感性,是未来需要进行探讨的技术问题。

（2）三维激光扫描点云数据无缝拼接。

三维激光扫描法已经在土壤侵蚀中得到越来越广泛的应用。如果使用反射片进行校正,使用后处理软件（例如,Riscan Pro）的自动搜索功能可以实现多站数据的校正及激光点云数据的拼接,此时误差较小;但是如果用全站仪对反射片测量了坐标,则可能由于全站仪的系统误差反而增大了激光点云数据拼接的误差。拼接的误差,一般可以在 1cm 左右,对于规模较小的细沟来讲,误差将显著地影响细沟的形态参数提取,但对于规模较大的侵蚀沟,其误差可以忽略不计。针对细沟来讲,实现多站扫描数据的无缝拼接是应用此技术急需解决的技术问题。

（3）标片（地面控制点）数量及其分布对于近景摄影测量精度的影响。

在本研究中，应用近景摄影测量时，在细沟区布置了密集的标片（Marks），并用全站仪精确测量其中心点位置的坐标。然而，布置的标片数据是否对后期内业生成的 DEM 具有影响，有多大影响？标片的空间布置对 DEM 是否亦会产生影响？这些均是未来思考的问题。

参 考 文 献

岑新远. 2012. GPS 与全站仪数据椭圆球面上联合平差与数据处理[D]. 成都：西南交通大学.

陈洪良. 2016. 全站仪和 GNSS-RTK 联合在数字测图中的应用[J]. 测绘与空间地理信息，39（3）：217-219.

程鹏飞，文汉江，刘焕玲，等. 2019. 卫星大地测量学的研究现状及发展趋势[J]. 武汉大学学报（信息科学版），44（1）：48-54.

代志宇. 2017. 三维激光扫描仪在边坡变形监测中的应用研究[D]. 郑州：河南工业大学.

邓建梅，尹海英，余传波. 2011. 攀枝花地区干热河谷干季末期典型植被的土壤含水量研究[J]. 安徽农业科学，39（34）：21013，21159.

邓青春，张斌，罗君，等. 2014. 元谋干热河谷潜蚀地貌的类型及形成条件[J]. 干旱区资源与环境，28（8）：138-144.

邓贤贵，黄川友. 1997. 金沙江泥沙输移特性及人类活动影响分析[J]. 泥沙研究，24（4）：37-41.

董一帆，伍永秋. 2010. 利用虚拟插钎对切沟沟底不同部位短期变化的初步研究[J]. 地理科学，30（6）：892-897.

杜书立，李浩，陈强，等. 2013. 典型黑土区侵蚀沟空间分布特征及主要影响因子分析：以黑龙江省引龙河农场为例[J]. 土壤与作物，2（4）：177-182.

范海英，杨伦，邢志辉，等. 2004. Cyra 三维激光扫描系统的工程应用研究[J]. 矿山测量，9（3）：16-18.

冯文灏. 2002. 近景摄影测量：物体外形与运动状态的摄影法测定[M]. 武汉：武汉大学出版社.

贯丛，张树文，王让虎，等. 2019. 三岔河流域坡耕地垄向与侵蚀沟分布耦合分析[J]. 资源科学，41（2）：394-404.

郭兵，陶和平，刘斌涛，等. 2012. 基于 GIS 和 USLE 的汶川地震后理县土壤侵蚀特征及分析[J]. 农业工程学报，28（14）：118-126.

何诚，冯仲科. 2010. GPS RTK 联合全站仪在唐山煤矿塌陷区测图中的应用与研究[J]. 测绘与空间地理信息，33（1）：52-56.

何福红，李勇，李璐，等. 2005. 基于 GPS 与 GIS 技术的长江上游山地冲沟的分布特征研究[J]. 水土保持学报，19（6）：19-22.

何福红，李勇，张晴雯，等. 2006. 基于 GPS 不同测量间距的 DEM 地形信息提取沟蚀参数对比[J]. 水土保持学报，20（5）：116-120.

何毓蓉，黄成敏，杨忠，等. 1997. 云南省元谋干热河谷的土壤退化及旱地农业研究[J]. 土壤侵蚀与水土保持学报，11（1）：56-60.

和继军，宫辉力，李小娟，等. 2014. 细沟形成对坡面产流产沙过程的影响[J]. 水科学进展，25（1）：90-97.

黄川，娄霄鹏，刘元元. 2002. 金沙江流域泥沙演变过程及趋势分析[J]. 重庆大学学报（自然科学版），25（1）：21-23.

霍云云. 2011. 基于元胞自动机的坡面细沟侵蚀过程模拟[D]. 咸阳：西北农林科技大学.

霍云云，吴淑芳，冯浩，等. 2011. 基于三维激光扫描仪的坡面细沟侵蚀动态过程研究[J]. 中国水土保持科学，9（2）：32-37，46.

贾秋英. 2017. 高精度 DEM 的制作方法与质量控制[J]. 江西科学，35（5）：731-734，759.

靳克强，龚志辉，王勃，等. 2010. 机载激光雷达数据提取 DEM 的关键技术分析[J]. 测绘工程，19（6）：

39-42.

景海涛, 冯仲科, 朱海珍, 等. 2004. 基于全站仪和 GIS 技术的林业定位信息研究与应用[J]. 北京林业大学学报, 26 (4): 100-103.

赖旭东. 2010. 机载激光雷达基础原理与应用[M]. 北京: 电子工业出版社.

雷会珠, 武春龙. 2001. 黄土高原分形沟网研究[J]. 山地学报, 19 (5): 474-477.

雷廷武, Nearing M. 2000. 侵蚀细沟水力学特性及细沟侵蚀与形态特征的试验研究[J]. 水利学报, 31 (11): 49-54.

李佳佳, 熊东红, 卢晓宁, 等. 2014. 基于 RTK-GPS 技术的干热河谷冲沟沟头形态特征[J]. 山地学报, 32 (6): 706-716.

李君兰, 蔡强国, 孙莉英, 等. 2010. 细沟侵蚀影响因素和临界条件研究进展[J]. 地理科学进展, 29 (11): 1319-1325.

李鹏. 2018. 冲沟参数提取的空间尺度效应及转换模型研究[D]. 烟台: 鲁东大学.

李天奇. 2012. 东北黑土地侵蚀沟成因与模型研究[D]. 哈尔滨: 中国科学院研究生院 (东北地理与农业生态研究所).

李天奇, 张树文, 王文娟. 2010. RS 与 GIS 辅助下黑土区侵蚀沟静态影响要素研究[C]//Proceedings of 2010 International Conference on Management Science and Engineering (MSE 2010) (Volume 5), 武汉: 424-427.

李响, 邓青春, 张斌, 等. 2015. 元谋干热河谷微流域细沟形态特征及控制因素[J]. 中国水土保持科学, 13 (5): 24-30.

李妍敏, 安翼, 刘青泉. 2013. 细沟侵蚀中陡坎发育过程的数值研究[C]//中国力学大会: 2013 论文摘要集, 西安: 409.

李镇, 张岩, 姚文俊. 2012. 切沟侵蚀监测与预报技术研究述评[J]. 中国水土保持科学, 10 (6): 110-115.

李镇, 张岩, 杨松, 等. 2014. QuickBird 影像目视解译法提取切沟形态参数的精度分析[J]. 农业工程学报, 30 (20): 179-186.

李志林, 朱庆. 2003. 数字高程模型[M]. 武汉: 武汉大学出版社.

梁倍瑜, 罗明良, 徐亚莉, 等. 2016. 基于高精度 DEM 的元谋典型冲沟土壤侵蚀因子分析[J]. 资源开发与市场, 32 (8): 955-959.

刘刚才, 纪中华, 方海东, 等. 2011. 干热河谷退化生态系统典型恢复模式的生态响应与评价[M]. 北京: 科学出版社.

刘奕辉. 2017. 基于机载激光雷达点云数据的 DEM 构建研究[D]. 济南: 山东师范大学.

刘元保, 朱显谟, 周佩华, 等. 1988. 黄土高原坡面沟蚀的类型及其发生发展规律[J]. 中国科学院西北水土保持研究所集刊, 7 (1): 9-18.

卢洁. 2018. 基于无人机遥感的排土场边坡植被与土壤侵蚀监测研究[D]. 徐州: 中国矿业大学.

骆永正, 易天阳. 2006. 关于全站仪快速测图的内业快速成图思考[J]. 测绘与空间地理信息, 29 (2): 84-86.

马玉凤, 严平, 时云莹, 等. 2010. 三维激光扫描仪在土壤侵蚀监测中的应用: 以青海省共和盆地威连滩冲沟监测为例[J]. 水土保持通报, 30 (2): 177-179.

马玉凤, 严平, 李双权, 等. 2012. 龙羊峡库区威连滩冲沟沟头侵蚀的动态监测[J]. 干旱区研究, 29 (2): 238-244.

孟凡超. 2010. GPS-RTK 与全站仪联合作业在数字测图中的应用[J]. 北京测绘 (2): 57-60.

闵石头, 王随继. 2007. 滇西纵向岭谷区河谷形态特征、发育规律及成因[J]. 山地学报, 25 (5): 524-533.

缪志修, 齐华, 王国昌, 等. 2010. 基于机载 LiDAR 数据构建的 DEM 抽稀算法研究[J]. 铁道勘察, 36 (4): 35-40.

潘洁晨，王冬梅，李爱霞. 2016. 摄影测量学[M]. 成都：西南交通大学出版社.

钱方，周兴国. 1991. 元谋第四纪地质与古人类[M]. 北京：科学出版社.

秦高远，周跃，杨黎. 2007. 切沟侵蚀研究初探：以云南省文山县新开田村为例[J]. 水土保持研究，14（5）：79-81.

沈海鸥，郑粉莉，温磊磊，等. 2014. 黄土坡面细沟侵蚀形态试验[J]. 生态学报，34（19）：5514-5521.

宋华，王铮，杨凯. 2016. 基于遥感和 GIS 技术的长春东部典型黑土区侵蚀沟动态监测研究[J]. 测绘与空间地理信息，39（10）：194-197.

宋向阳，吴发启. 2010. 几种插值方法在微 DEM 构建中的应用[J]. 水土保持研究，17（5）：45-50.

孙占群，丛玉梅，宋丙剑. 2009. 全站仪特点及其在矿山测量中的应用[J]. 中国西部科技，8（26）：14-16.

谭宽祥. 1990. 黄土高原黄土土流与坡度关系的研究[J]. 水土保持通报，10（4）：13-15.

汤国安，杨昕. 2012. ArcGIS 地理信息系统空间分析实验教程[M]. 北京：科学出版社.

王贵平，曾伯庆，蔡强国，等. 1992. 晋西黄土丘陵沟壑区坡面土壤侵蚀及预报研究：第二部分 细沟侵蚀[J]. 中国水土保持（11）：22-24.

王磊. 2016. 元谋干热河谷陡坡细沟的形态特征和控制因素[D]. 南充：西华师范大学.

王龙生，蔡强国，蔡崇法，等. 2014. 黄土坡面细沟形态变化及其与流速之间的关系[J]. 农业工程学报，30（11）：110-117.

王珊，史明昌，王昆，等. 2013. 激光扫描技术应用于细沟侵蚀的研究：以东北典型黑土区为例[J]. 四川农业大学学报，31（2）：188-192.

王树根. 2009. 摄影测量原理与应用[M]. 武汉：武汉大学出版社.

王文娟，张树文，邓荣鑫. 2011. 东北黑土区沟蚀现状及其与景观格局的关系[J]. 农业工程学报，27（10）：192-198.

王兆印，周静，李昌志. 2006. 黄河下游水沙变化及河床纵横断面的演变[J]. 水力发电学报，25（5）：42-45.

吴琼，樊向国. 2018. 东北典型黑土区坡—沟侵蚀分布关系[J]. 水资源开发与管理，16（8）：22-27，52.

吴淑芳，刘政鸿，霍云云，等. 2015. 黄土坡面细沟侵蚀发育过程与模拟[J]. 土壤学报，52（1）：48-56.

徐巍，孙志鹏，徐朋，等. 2012. 基于 LIDAR 点云数据插值方法研究[J]. 工程地球物理学报，9（3）：365-370.

徐为群，倪晋仁，徐海鹏，等. 1995. 黄土坡面侵蚀过程实验研究 II. 坡面形态过程[J]. 水土保持学报，9（4）：19-28.

许炯心. 1990. 黄淮海平原河流的纵剖面凹度特征[J]. 地理学报，45（3）：331-340.

闫业超，张树文，岳书平. 2006. 基于 Corona 和 Spot 影像的近 40 年黑土典型区侵蚀沟动态变化[J]. 资源科学，28（6）：154-160.

严冬春，王一峰，文安邦，等. 2011. 紫色土坡耕地细沟发育的形态演变[J]. 山地学报，29（4）：469-473.

杨秋丽，魏建新，郑江华，等. 2019. 离散点云构建数字高程模型的插值方法研究[J]. 测绘科学，44（7）：16-23.

杨艳鲜，冯光恒，潘志贤，等. 2013. 干热河谷罗望子人工林凋落物分解及养分释放[J]. 干旱区资源与环境，27（1）：102-107.

姚士谋，徐桂卿，叶枫，等. 2011. 确定冲沟侵蚀量的计算方法[J]. 地理科学进展，1（4）：40-44.

尹国康. 1963. 长江河床纵剖面形态分析[J]. 南京大学学报（自然科学版）（16）：13-32.

尤号田，邢艳秋，丁建华. 2019. 基于 LiDAR 数据不同插值算法 DEM 构建研究[J]. 森林工程，35（3）：20-25.

张斌，史凯，刘春琼，等. 2009. 元谋干热河谷近 50 年分季节降水变化的 DFA 分析[J]. 地理科学，29（4）：561-566.

张德元. 1992. 横断山区干旱河谷[M]. 北京：科学出版社.

张剑清，潘励，王树根. 2009. 摄影测量学[M]. 2 版. 武汉：武汉大学出版社.

张姣，郑粉莉，温磊磊，等. 2011. 利用三维激光扫描技术动态监测沟蚀发育过程的方法研究[J]. 水土保持通报，31（6）：89-94.

张科利，张竹梅. 2000. 坡面侵蚀过程中细沟水流动力学参数估算探讨[J]. 地理科学，20（4）：326-330.

张攀，姚文艺，陈伟. 2014. 降雨驱动下黄土坡面细沟的分形和熵量化描述[J]. 中国水土保持科学，12（5）：17-22.

张鹏，郑粉莉，王彬，等. 2008. 高精度 GPS，三维激光扫描和测针板三种测量技术监测沟蚀过程的对比研究[J]. 水土保持通报，28（5）：11-15，20.

张晴雯，雷廷武，潘英华，等. 2002. 细沟侵蚀动力过程极限沟长试验研究[J]. 农业工程学报，18（2）：32-35.

张荣祖. 1992. 横断山区干旱河谷[M]. 北京：科学出版社.

张信宝，文安邦. 2002. 长江上游干流和支流河流泥沙近期变化及其原因[J]. 水利学报，33（4）：56-59.

张岩，杨松，李镇，等. 2015. 陕北黄土区水平条带整地措施对切沟发育的影响[J]. 农业工程学报，31（7）：125-130.

张永东. 2013. 不同地表细沟侵蚀演化过程及其水流水力学特性研究[D]. 咸阳：西北农林科技大学.

张祖勋，张剑清. 1996. 数字摄影测量学[M]. 武汉：武汉大学出版社.

郑粉莉. 1989. 发生细沟侵蚀的临界坡长与坡度[J]. 中国水土保持（8）：23-24.

钟祥浩. 2000. 干热河谷区生态系统退化及恢复与重建途径[J]. 长江流域资源与环境，9（3）：376-383.

周跃，朱云梅，吕喜玺. 2006. 人为活动对金沙江一级支流龙川江流域输沙量的影响分析[J]. 昆明理工大学学报（理工版），31（1）：77-82.

朱良君，张光辉. 2013. 地表微地形测量及定量化方法研究综述[J]. 中国水土保持科学，11（5）：114-122.

朱显谟. 1955. 暂拟黄土区土壤侵蚀分类系统[J]. 新黄河，7：29-34.

朱显谟. 1956. 黄土区土壤侵蚀的分类[J]. 土壤学报，2：99-115.

朱显谟. 1982. 黄土高原水蚀的主要类型及其有关因素[J]. 水土保持通报，2（3）：40-44.

Adediji A，Jeje L K，Ibitoye M O. 2013. Urban development and informal drainage patterns：Gully dynamics in Southwestern Nigeria[J]. Applied Geography，40：90-102.

Araujo T P，Pejon O J. 2015.Topographic threshold to trigger gully erosion in a tropical region—Brazil[C]//Engineering Geology for Society and Territory-Volume 3：River Basins，Reservoir Sedimentation and Water Resources. Springer International Publishing：627-630.

Archibold O W，De Boer D H，Delanoy L. 1996. A device for measuring gully headwall morphology[J]. Earth Surface Processes and Landforms，21（11）：1001-1005.

Bazzoffi P. 2015. Measurement of rill erosion through a new UAV-GIS methodology[J]. Italian Journal of Agronomy，10（s1）：1-18.

Bennett S J，Gordon L M，Neroni V，et al. 2015. Emergence，persistence，and organization of rill networks on a soil-mantled experimental landscape[J]. Natural Hazards，79（1）：7-24.

Berger C，Schulze M，Rieke-Zapp D，et al. 2010. Rill development and soil erosion：A laboratory study of slope and rainfall intensity[J]. Earth Surface Processes and Landforms，35（12）：1456-1467.

Betts H D，DeRose R C. 1999. Digital elevation models as a tool for monitoring and measuring gully erosion[J]. International Journal of Applied Earth Observation and Geoinformation，1（2）：91-101.

Bewket W，Sterk G. 2003. Assessment of soil erosion in cultivated fields using a survey methodology for rills in the Chemoga watershed，Ethiopia[J]. Agriculture，Ecosystems & Environment，97（1-3）：81-93.

Bocco G，Palacio J，Valenzuela C R. 1990. Gully erosion modelling using GIS and geomorphologic knowledge[J]. ITC Journal，（3）：253-261.

Bouchnak H，Sfar Felfoul M，Boussema M R，et al. 2009. Slope and rainfall effects on the volume of sediment yield by gully erosion in the Souar lithologic formation（Tunisia）[J]. CATENA，78（2）：170-177.

Bruno C，Di Stefano C，Ferro V. 2008. Field investigation on rilling in the experimental Sparacia Area，South Italy[J]. Earth Surface Processes and Landforms，33（2）：263-279.

Burkard M B，Kostaschuk R A. 1995. Initiation and evolution of gullies along the shoreline of Lake Huron[J]. Geomorphology，14（3）：211-219.

Burkard M B，Kostaschuk R A. 1997. Patterns and controls of gully growth along the shoreline of Lake Huron[J]. Earth Surface Processes and Landforms，22（10）：901-911.

Capra A，Mazzara L M，Scicolone B. 2005. Application of the EGEM model to predict ephemeral gully erosion in Sicily，Italy[J]. CATENA，59（2）：133-146.

Capra A，Di Stefano C，Ferro V，et al. 2009. Similarity between morphological characteristics of rills and ephemeral gullies in Sicily，Italy[J]. Hydrological Processes，23（23）：3334-3341.

Casalí J，López J J，Giráldez J V. 1999. Ephemeral gully erosion in southern Navarra（Spain）[J]. CATENA，36（1-2）：65-84.

Casalí J，Loizu J，Campo M A，et al. 2006. Accuracy of methods for field assessment of rill and ephemeral gully erosion[J]. CATENA，67（2）：128-138.

Castillo C，Pérez R，James M R，et al. 2012. Comparing the accuracy of several field methods for measuring gully erosion[J]. Soil Science Society of America Journal，76（4）：1319-1332.

Castillo C，Taguas E V，Zarco-Tejada P，et al. 2014. The normalized topographic method：an automated procedure for gully mapping using GIS[J]. Earth Surface Processes and Landforms，39（15）：2002-2015.

Cheng H，Zou X Y，Wu Y Q，et al. 2007. Morphology parameters of ephemeral gully in characteristics hillslopes on the Loess Plateau of China[J]. Soil and Tillage Research，94（1）：4-14.

Conforti M，Aucelli P P C，Robustelli G，et al. 2011. Geomorphology and GIS analysis for mapping gully erosion susceptibility in the Turbolo stream catchment（Northern Calabria，Italy）[J]. Natural Hazards，56（3）：881-898.

Conoscenti C，Angileri S，Cappadonia C，et al. 2014. Gully erosion susceptibility assessment by means of GIS-based logistic regression：A case of Sicily（Italy）[J]. Geomorphology，204：399-411.

Daba S，Rieger W，Strauss P. 2003. Assessment of gully erosion in eastern Ethiopia using photogrammetric techniques[J]. CATENA，50（2-4）：273-291.

Daggupati P，Sheshukov A Y，Douglas-Mankin K R. 2014. Evaluating ephemeral gullies with a process-based topographic index model[J]. CATENA，113：177-186.

Deng Q C，Miao F，Zhang B，et al. 2015a. Planar morphology and controlling factors of the gullies in the Yuanmou Dry-hot Valley based on field investigation[J]. Journal of Arid Land，7（6）：778-793.

Deng Q C，Qin F C，Zhang B，et al. 2015b. Characterizing the morphology of gully cross-sections based on PCA：A case of Yuanmou Dry-Hot Valley[J]. Geomorphology，228：703-713.

Di Stefano C，Ferro V. 2011. Measurements of rill and gully erosion in Sicily[J]. Hydrological Processes，25（14）：2221-2227.

Di Stefano C，Ferro V，Pampalone V，et al. 2013. Field investigation of rill and ephemeral gully erosion in the Sparacia experimental area，South Italy[J]. CATENA，101：226-234.

Ehiorobo J O，Ogirigbo O R.2013.Gully morphology and gully erosion control in Calabar，cross river state，Nigeria[J]. Advanced Materials Research，824：656-666.

El Maaoui M A，Sfar Felfoul M，Boussema M R，et al. 2012. Sediment yield from irregularly shaped gullies located on the Fortuna lithologic formation in semi-arid area of Tunisia[J]. CATENA，93：97-104.

Eltner A，Baumgart P. 2015.Investigation of erosion rill parameters extracted from digital terrain models[C]//EGU General Assembly Conference Abstracts: 11345.

Eltner A, Baumgart P, Maas H G, et al. 2015. Multi-temporal UAV data for automatic measurement of rill and interrill erosion on loess soil[J]. Earth Surface Processes and Landforms, 40 (6): 741-755.

Fiorucci F, Ardizzone F, Rossi M, et al. 2015. The use of stereoscopic satellite images to map rills and ephemeral gullies[J]. Remote Sensing, 7 (10): 14151-14178.

Foster G R, Huggins L F, Meyer L D. 1984. A laboratory study of rill hydraulics: I. velocity relationships[J]. Transactions of the ASAE, 27 (3): 790-796.

Frankl A, Poesen J, Scholiers N, et al. 2013. Factors controlling the morphology and volume (V) -length (L) relations of permanent gullies in the northern Ethiopian Highlands[J]. Earth Surface Processes and Landforms, 38 (14): 1672-1684.

Gabet E J, Bookter A. 2008. A morphometric analysis of gullies scoured by post-fire progressively bulked debris flows in southwest Montana, USA[J]. Geomorphology, 96 (3-4): 298-309.

Gao P.2011. Mountain and Hillslope Geomorphology | Hillslope Erosion: Rill and Gully Development Processes[M]//Shroder J F. Treatise on Geomorphology. San Diego.: Elsevier Inc.

Gao L, Zhao Y H, Li F R. 2011. Application on water and soil conservation of potential gully risk evaluation. 2011 International Symposium on Water Resource and Environmental Protection[J]. Xi'an, China. IEEE,: 2505-2508.

Gessesse G D, Fuchs H, Mansberger R, et al. 2010. Assessment of erosion, deposition and rill development on irregular soil surfaces using close range digital photogrammetry[J]. The Photogrammetric Record, 25 (131): 299-318.

Giménez R, Marzolff I, Campo M A, et al. 2009. Accuracy of high-resolution photogrammetric measurements of gullies with contrasting morphology[J]. Earth Surface Processes and Landforms, 34 (14): 1915-1926.

Gutiérrez Á G, Schnabel S, Lavado Contador J F. 2009. Using and comparing two nonparametric methods (CART and MARS) to model the potential distribution of gullies[J]. Ecological Modelling, 220 (24): 3630-3637.

Govers G. 1987. Spatial and temporal variability in rill developement processes at the Huldenberg experimental site[J]. Catena Supplement (8): 17-34.

Govindaraju R S, Kavvas M L. 1994. A spectral approach for analyzing the rill structure over hillslopes. Part 1. Development of stochastic theory[J]. Journal of Hydrology, 158 (3-4): 333-347.

Green A N, Goff J A, Uken R. 2007. Geomorphological evidence for upslope canyon-forming processes on the northern KwaZulu-Natal shelf, SW Indian Ocean, South Africa[J]. Geo-Marine Letters, 27 (6): 399-409.

Guo M H, Shi H J, Zhao J, et al. 2016. Digital close range photogrammetry for the study of rill development at flume scale[J]. CATENA, 143: 265-274.

Hancock G R, Crawter D, Fityus S G, et al. 2008. The measurement and modelling of rill erosion at angle of repose slopes in mine spoil[J]. Earth Surface Processes and Landforms, 33 (7): 1006-1020.

Harvey A M. 1974. Gully erosion and sediment yield in the Howgill Fells, Westmorland[M]//Fluvial processes in instrumented watersheds. Institute of British Geographers: London, 6: 45-58.

He F, Li Y, Li L, et al. 2005. Assessing gully development in Upper Yangtze River Basin based on GPS and GIS[J]. Journal of Soil and Water Conservation, 19 (6): 19-22.

He F, Li Y, Zhang Q, et al. 2006. Compasion of topographic-ralated parameters through different GPS-survey scales in gully catchment of Upper Yangtze River Basin[J]. Journal of Soil and Water Conservation, 20 (5): 116-120.

Heede B H. 1970. Morphology of gullies in the Colorado rocky mountains[J]. International Association of

Scientific Hydrology Bulletin，15（2）：79-89.

Hirschi M C，Barfield B J，Moore I D，et al. 1987. Profile meters for detailed measurement of soil surface heights[J]. Applied Engineering in Agriculture，3（1）：47-51.

Hobbs S W，Paull D J，Clarke J D A. 2013. The influence of slope morphology on gullies：Terrestrial gullies in Lake George as analogues for Mars[J]. Planetary and Space Science，81：1-17.

Hu W，Liu J，Cai Q，et al. 2005. Assessment of gully erosion in a semi-arid catchment of the Loess Plateau，China using photogrammetric techniques[C]//Remote Sensing and Modeling of Ecosystems for Sustainability II. SPIE，5884：509-517.

Hu G，Wu Y Q，Liu B Y，et al. 2007. Short-term gully retreat rates over rolling hill areas in black soil of Northeast China[J]. CATENA，71（2）：321-329.

Hu G，Wu Y Q，Liu B Y，et al. 2009. The characteristics of gully erosion over rolling hilly black soil areas of Northeast China[J]. Journal of Geographical Sciences，19（3）：309-320.

James L A，Watson D G，Hansen W F. 2007. Using LiDAR data to map gullies and headwater streams under forest canopy：South Carolina，USA[J]. CATENA，71（1）：132-144.

Fan J Q，Gijbels I. 2003. Local polynomial model-ling and its applications[M]. Boca Raton and London：Chapman and Hall/CRC Press.

Kashtanov A N，Vernyuk Y I，Savin I Y，et al. 2018. Mapping of rill erosion of arable soils based on unmanned aerial vehicles survey[J]. Eurasian Soil Science，51（4）：479-484.

Kheir R B，Wilson J，Deng Y X. 2007. Use of terrain variables for mapping gully erosion susceptibility in Lebanon[J]. Earth Surface Processes and Landforms，32（12）：1770-1782.

Kheir R B，Chorowicz J，Abdallah C，et al. 2008. Soil and bedrock distribution estimated from gully form and frequency：A GIS-based decision-tree model for Lebanon[J]. Geomorphology，93（3-4）：482-492.

Kimaro D N，Poesen J，Msanya B M，et al. 2008. Magnitude of soil erosion on the northern slope of the uluguru mountains，Tanzania：Interrill and rill erosion[J]. CATENA，75（1）：38-44.

Kociuba W，Janicki G，Rodzik J，et al. 2015. Comparison of volumetric and remote sensing methods（TLS）for assessing the development of a permanent forested loess gully[J]. Natural Hazards，79（1）：139-158.

Lannoeye W，Stal C，Guyassa E，et al. 2016. The use of SfM-photogrammetry to quantify and understand gully degradation at the temporal scale of rainfall events：An example from the Ethiopian drylands[J]. Physical Geography，37（6）：430-451.

Li T，Zhang S，Wang W. 2010. Study on Static Effect Factors of Gully Assisted by RS and GIS in Black Soil Region[J].2010 International Conference on Management Science and Engineering（MSE 2010），5：409-412.

Ludwig B，Boiffin J，Chad1uf J，et al. 1995. Hydrological structure and erosion damage caused by concentrated flow in cultivated catchments[J]. CATENA，25（1-4）：227-252.

Martínez-Casasnovas J A，Antón-Fernández C，Ramos M C. 2003. Sediment production in large gullies of the Mediterranean Area（NE Spain）from high-resolution digital elevation models and geographical information systems analysis[J]. Earth Surface Processes and Landforms，28（5）：443-456.

Martínez-Casasnovas J A，Ramos M C，Poesen J. 2004. Assessment of sidewall erosion in large gullies using multi-temporal DEMs and logistic regression analysis[J]. Geomorphology，58（1-4）：305-321.

Marzolff I，Ries J B. 2007. Gully erosion monitoring in semi-arid landscapes[J]. Zeitschrift Für Geomorphologie，51（4）：405-425.

Marzolff I，Poesen J. 2009. The potential of 3D gully monitoring with GIS using high-resolution aerial photography and a digital photogrammetry system[J]. Geomorphology，111（1-2）：48-60.

Mohammadi T A，Nikkami D. 2008. Methodologies of preparing erosion features map by using RS and GIS[J]. International Journal of Sediment Research，23（2）：130-137.

Nachtergaele J，Poesen J. 1999. Assessment of soil losses by ephemeral gully erosion using high-altitude （stereo）aerial photographs[J]. Earth Surface Processes and Landforms，24（8）：693-706.

Nachtergaele J，Poesen J，Steegen A，et al. 2001a. The value of a physically based model versus an empirical approach in the prediction of ephemeral gully erosion for loess-derived soils[J]. Geomorphology，40（3-4）：237-252.

Nachtergaele J，Poesen J，Vandekerckhove L，et al. 2001b. Testing the Ephemeral Gully Erosion Model （EGEM）for two Mediterranean environments[J]. Earth Surface Processes and Landforms，26（1）：17-30.

Ndomba P M，Mtalo F，Killingtveit A. 2009. Estimating gully erosion contribution to large catchment sediment yield rate in Tanzania[J]. Physics and Chemistry of the Earth，Parts A/B/C，34（13-16）：741-748.

Øygarden L. 2003. Rill and gully development during an extreme winter runoff event in Norway[J]. CATENA，50（2-4）：217-242.

Rowntree K M. 1991. Morphological characteristics of gully networks and their relationship to host materials，Baringo District，Kenya[J]. GeoJournal，23（1）：19-27.

Rustomji P. 2006. Analysis of gully dimensions and sediment texture from southeast Australia for catchment sediment budgeting[J]. CATENA，67（2）：119-127.

Sattar F，Wasson R，Pearson D，et al.2010. The development of geoinformatics based framework to quantify gully erosion[C]//Proceedings of the International Multidisciplinary Scientific Geo-Conference & Expo，Albena Resort，Bulgaria：20-25.

Schneider A，Gerke H H，Maurer T，et al. 2013. Initial hydro-geomorphic development and rill network evolution in an artificial catchment[J]. Earth Surface Processes and Landforms，38（13）：1496-1512.

Seginer I. 1966. Gully development and sediment yield[J]. Journal of Hydrology，4：236-253.

Shen H O，Zheng F L，Wen L L，et al. 2015. An experimental study of rill erosion and morphology[J]. Geomorphology，231：193-201.

Sidorchuk A. 2005. Stochastic components in the gully erosion modelling[J]. CATENA，63（2-3）：299-317.

Smith D G，Pearce C M. 2002. Ice jam-caused fluvial gullies and scour holes on northern river flood Plains[J]. Geomorphology，42（1-2）：85-95.

Tsvetkova N，Saranenko I，Dubina A O. 2015. Application of geographic information systems in evaluating the development of gully erosion in the steppe zone of Ukraine[J]. Visnyk of Dnipropetrovsk University-Biology Ecology，23（2）：197-202.

Tsydypov B Z，Kulikov A I. 2012. Determination of gully boundaries with interpolating GPS-tracks by cubic splines[J]. Geodeziya i kartografiya，8：2-6.

Turkelboom F. 1999.On-farm diagnosis on steepland erosion in Northern Thailand：integrating spatial scales with household strategies[D]. Leuven：Katholieke Universiteit Leuven.

Valcárcel M，Taboada M T，Paz A，et al. 2003. Ephemeral gully erosion in northwestern Spain[J]. CATENA，50（2-4）：199-216.

Vandaele K，Poesen J，Marques De Silva J R，et al. 1997. Assessment of factors controlling ephemeral gully erosion in Southern Portugal and Central Belgium using aerial photographs[J]. Zeitschrift Für Geomorphologie，41（3）：273-287.

Vinci A，Brigante R，Todisco F，et al. 2015. Measuring rill erosion by laser scanning[J]. CATENA，124：97-108.

Wells R R，Momm H G，Bennett S J，et al. 2016. A measurement method for rill and ephemeral gully erosion assessments[J]. Soil Science Society of America Journal，80（1）：203-214.

Wijdenes D J O，Bryan R B. 1991. Gully development on the Njemps flats，Baringo，Kenya[J]. Catena Supplement，19：71-90.

Wijdenes D J O，Poesen J，Vandekerckhove L，et al. 1999. Gully-head morphology and implications for gully development on abandoned fields in a semi-arid environment，Sierra de Gata，southeast Spain[J]. Earth Surface Processes and Landforms，24（7）：585-603.

Wu Y Q，Cheng H J. 2005. Monitoring of gully erosion on the Loess Plateau of China using a global positioning system[J]. CATENA，63：154-166.

Yang M Y，Walling D E，Tian J L，et al. 2006. Partitioning the contributions of sheet and rill erosion using beryllium-7 and cesium-137[J]. Soil Science Society of America Journal，70（5）：1579-1590.

Zhang F B，Yang M Y，Walling D E，et al. 2014. Using 7Be measurements to estimate the relative contributions of interrill and rill erosion[J]. Geomorphology，206：392-402.

Zhang Y G，Wu Y Q，Liu B Y，et al. 2007. Characteristics and factors controlling the development of ephemeral gullies in cultivated catchments of black soil region，Northeast China[J]. Soil and Tillage Research，96（1-2）：28-41.

Zhu T X. 2012. Gully and tunnel erosion in the hilly Loess Plateau region，China[J]. Geomorphology，153：144-155.

Zucca C，Canu A，Della Peruta R. 2006. Effects of land use and landscape on spatial distribution and morphological features of gullies in an agropastoral area in Sardinia（Italy）[J]. CATENA，68（2-3）：87-95.